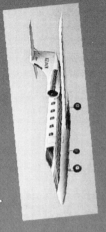

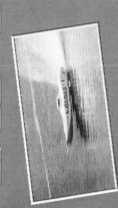

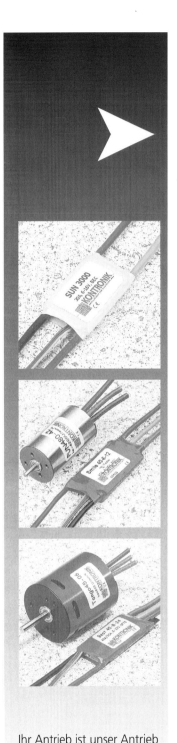

Ludwig Retzbach

Ratgeber
Elektroflug

NV NECKAR-VERLAG • VILLINGEN-SCHWENNINGEN

ISBN 3-7883-3629-3

5. überarbeitete Auflage 2002

© 2002 by Neckar-Verlag GmbH, Klosterring 1, 78050 Villingen-Schwenningen

Printed in Germany by Baur-Offset,
Lichtensteinstraße 76, 78054 Villingen-Schwenningen

Inhalt

Vorwort

Elektrisch angetriebene Flugmodelle vollbringen heute Leistungen, wie sie noch vor einem Jahrzehnt niemand für möglich hielt. F3E-Wettbewerbsmaschinen steigen senkrecht, Speedmodelle stoßen in die Geschwindigkeitsbereiche hochkarätiger Sportwagen vor, Leichtsegler schaffen es auch ohne Thermik, Stunden in der Luft zu sein.

Doch zwischen dem technisch Möglichen – bisweilen auf Flugtagen und Wettbewerben zu bewundern – und dem fliegerischen Alltagsgeschehen auf dem „flachen Land" liegen oft Welten. Immer noch tasten sich viele Modellflieger eher zaghaft an das neue Antriebskonzept heran, sammeln mühevoll Erfahrung mit jener unsichtbaren Energieform, die durch Kupferdrähte fließt. Zwar werden Elektrosegler heute auf allen Modellflugplätzen gesichtet, elektrisch angetriebene Motormodelle stellen hingegen noch Raritäten dar. Wo liegen die Ursachen für diese offensichtliche Diskrepanz?

Ganz zu Anfang war Elektroflug ein *Technikproblem*. Wer sich in den 60er oder 70er Jahren bereits mit dieser damals noch recht jungen Variante des Modellflugs befasste, hatte Mühe, standfeste Motoren und hochbelastbare Stromquellen zu finden.

Dann kam die Zeit der „Spezialisten". Ein solcher konnte werden, wer über entsprechende Verbindungen verfügte, die es ermöglichten, geeignetes Antriebszubehör besorgen zu können. Und die Quellen flossen oftmals spärlich. Elektroflug war zu einem *Beschaffungsproblem* geworden.

Heute, wo es hervorragendes Zubehör im Modellbauladen um die Ecke oder im Versandhandel zu kaufen gibt, scheint es, dass Schwierigkeiten, die beim Elektroflug zuweilen doch noch auftauchen, vielleicht auf einem *Informationsproblem* beruhen.

Hier möchte der Ratgeber Elektroflug ansetzen, um dieses vielleicht letzte Problem seiner Lösung ein kleines Stück näher zu bringen.

Allen, die durch Anregungen, Beratung, Beisteuern von Daten- und Bildmaterial, aber auch durch hilfreiche Kritik am Entstehen dieses Buches mitgewirkt haben, sei an dieser Stelle gedankt.

Ludwig Retzbach

1. Stand des Elektroflugs am Beginn des Jahres 2002 – Versuch einer Einordnung

Die Idee, Flugzeuge mit elektrischer Energie anzutreiben ist beinahe so alt wie das Motorflugzeug selbst. Nur selten konnte sie bei personentragenden Flugzeugen realisiert werden.

Anders im Bereich der Flugmodelle. Hier glückte bereits im Jahre 1957 dem Engländer J.-P. Talpin ein wenige Minuten dauernder ferngesteuerter Flug mit elektrischem Antrieb. Stromquelle war eine Silber-Zink-Batterie, die vermutlich der Militärtechnik (Torpedoantriebe?) entstammte. Das erste Elektroflug-Baukastenmodell kam dann bereits 1960 als Freiflugmodell auf den Markt: Der *Silentius* von Graupner von Fred Militky.

Heute, beinahe 50 Jahre danach, hat sich der Elektroflug fest etabliert. Die Schar der Anhänger wächst beständig. Immer mehr Modellflieger wenden sich dieser umweltfreundlichen Alternative zu.

Gründe für diese Entwicklung finden sich zahlreiche. Die landläufig bekannten Alltagsprobleme der Vereine sind mit dieser geräuscharmen Antriebskonzeption einfach besser lösbar. So stellt ein mit Ventilator-Lautstärke steigendes Flugmodell für Flugplatzanwohner oder Spaziergänger wohl kaum eine Belästigung dar, es sein denn, diese bestünden förmlich auf ihrem Recht, gegen alles protes-

Abb. 1.1
*So hatte alles begonnen; der **Ur-Silentius** aus dem Jahre 1960, das erste Elektroflug-Baukastenmodell*

tieren zu dürfen, was sich im Bereich ihrer Sinneswahrnehmung abspielt. Für manche ist der Elektroantrieb die letzte noch praktikable Möglichkeit, Modelle mit Motorkraft in die Luft zu befördern, denn die allgemeine Wertschätzung des Modellsports wuchs in der jüngsten Vergangenheit nicht in gleichem Maße wie jene Wohngebiete, die unaufhaltsam in Richtung unserer Flugplätze vordringen. Dennoch wäre es falsch, im Elektroflug ausschließlich einen Ersatz für dem Phonmessgerät zum Opfer gefallene Motorflugfreuden zu sehen.

Elektroflug ist kein Ersatz, er ist eine eigenständige Sparte und war es schon, als man geeignetes Zubehör nur aus dem Kofferraum „fliegender Händler" (in des Wortes mehrfacher Bedeutung) bei Wettbewerben kaufen konnte. E-Flug(versuche) gab es bereits zu einer Zeit, als der Begriff Umweltschutz noch in keinem Lexikon zu finden war und niemand auch nur im Traum daran dachte, sich über den Lärm von so winzigen Zweitaktmotörchen aufzuregen.

Abb. 2.-1
Wer den Leichtbau beherrscht, braucht sich um die Gewichtsbilanz beim Elektroflug nicht zu sorgen

2. Modellkategorien – was fliegt elektrisch?

Die Frage ist möglicherweise nicht mehr ganz zeitgemäß, denn die Gegenfrage –„was fliegt *nicht* elektrisch?"– wäre mittlerweile sicher leichter zu beantworten. In der Tat fliegen Modelle jedweden Zuschnitts heute auch mit elektrischem Antrieb. Gleichwohl eignet sich nicht jede Kategorie gleichermaßen gut dafür, anstelle eines Verbrennungsmotors auf Elektro umgerüstet zu werden. Denn die Crux aller elektrischen Antriebslösungen ist nach wie vor das hohe Gewicht der Batterien. Und es macht auch wenig Sinn, derart real existierende Tatsachen schönreden oder kleinrechnen zu wollen. Ein elektrisch angetriebenes Flugmodell führt normalerweise immer Ballast in Form eines Akkus mit, dessen Unterbringung zum einen konstruktiv berücksichtigt werden muss, dessen Anteil in der Gewichtsbilanz zum anderen keineswegs vernachlässigt werden darf.

Im Klartext: Das Elektromodell benötigt ein gewisses Mindestmaß an mechanischer Stabilität, um die Wucht des Energiespeichers auch im Falle einer nicht vorbildhaften Landung unbeschadet aufnehmen zu können. (Gegen die Folgen eines Absturzes hingegen sind Flugmodelle generell konstruktiv nicht zu präparieren.) Außerdem sollte der Konstrukteur von E-Modellen zumindest ansatzweise nach Wegen gesucht haben, das batteriebedingte Übergewicht durch sinnvolle, gewichtssparende Maßnahmen so weit wie möglich auszugleichen. Hierbei hilft zum einen eine zweckentsprechende Materialauswahl (Einsatz ausgesuchter, leichter Hölzer, Verwendung von Aramid- oder Carbonfasern), aber natürlich auch die Beachtung bewährter Konstruktions- und Leichtbauregeln.

Um einen besseren Überblick zu gewinnen, wie elektrisch angetriebene Flugmodelle aussehen und wo ihr bevorzugtes Einsatzgebiet liegt, erscheint es hilfreich, sie in verschiedene Kategorien einzuteilen, auch wenn dies zuweilen etwas willkürlich anmuten mag.

2.1   Der Elektrosegler – Soft, Hot oder Solar

Sicher ist es kein Zufall, dass sich der E-Segler als erste Modellkategorie im Kreis der elektrisch Angetriebenen etablieren konnte. Eine relativ große Tragfläche hilft, das Antriebsgewicht besser zu „verdauen". Zudem erweist sich der Bedarf an Antriebsleistung hier als vergleichsweise gering.

Vom Grundsatz her ist der Elektrosegler nicht mit einem Segler mit Hilfsmotor zu vergleichen. Man wird ihm eher gerecht, wenn man den Antrieb als eine eingebaute Hochstarthilfe betrachtet, denn dieser bleibt gewöhnlich nur so lange eingeschaltet, bis das Flugzeug eine Höhe erreicht hat, die es ermöglicht, ein Thermikfeld zu finden. Zusätzlich ist der Motor aber auch noch als „Flautenschieber" sowie als „Rückholhilfe" bei der Landung sehr nützlich. Dies macht den E-Segler zu einem sehr sicheren Fluggerät, weil der Pilot dank jederzeit (solange noch Energie im Akku verbleibt) zuschaltbarer Motorunterstützung nicht mehr allein den Launen der luftigen Natur ausgeliefert ist.

Der Propeller ist beim Elektrosegler typischer Weise als Klappluftschraube ausgebildet. Hierbei sind die Propellerblätter am Fußpunkt schwenkbar gelagert. Angetrieben durch den Motor, entfalten sich die Blätter infolge der Fliehkraft.

Bei abgeschaltetem Antrieb sorgt der Fahrtwind dafür, dass die Blätter nach hinten klappen. Diese liegen dann im Idealfall sauber am Rumpf an, was im Interesse einer guten Gleitflugleistung des Seglers sehr wichtig ist, denn eine im Leerlauf mitdrehende Luftschraube würde zusätzlichen Widerstand erzeugen. Voraussetzung für das Funktionieren des Klappmechanismus ist allerdings, dass die Antriebswelle kurzzeitig abgebremst wird. Das geschieht üblicherweise elektrodynamisch durch einfaches Kurzschließen des Elektromotors (EMK-Bremse).

2.1.1 Soft-Segler

Die Mehrzahl der Modellpiloten verbindet mit dem Begriff Segeln das Vergnügen, Aufwindfelder zu suchen und diese „auszukurbeln". Ihr Ziel ist, mit einer Batterieladung möglichst lange zu fliegen. In diesem Falle erweist sich eine möglichst niedrige Flächenbelastung (< 40 g/dm^2) als günstig. Damit ist dann auch eine geringe Fluggeschwindigkeit zu erwarten. Es hat sich eingebürgert, Modelle mit solchen Eigenschaften als Soft-Segler zu bezeichnen.

Der typische Vertreter dieser Softy-Spezies hat eine konventionell aufgebaute Rippenfläche von 1,8 bis 3 Metern Spannweite, verfügt mindestens über die Ruderfunktionen Seite, Höhe und Motorsteuerung, wobei zweckmäßigerweise noch Störklappen sowie bei größeren Spannweiten auch noch Querruder mit dazu kommen sollten. Die Fluggeschwindigkeit derartiger Thermikschnüffler bewegt sich üblicherweise bei 8 bis 12 m/s. Profilen mit hohem Auftriebsbeiwert gebührt der Vorzug.

Oftmals sind Soft-Segler personentragenden Vorbildern nachempfunden. Es wäre weder stilgerecht noch ökonomisch, ein derartiges Fluggerät mit einem Hochleistungstriebwerk auszustatten und das Ganze raketenartig in die Höhe katapultieren zu wollen. Ein Soft-Segler begnügt sich üblicherweise mit einer Steiggeschwindigkeit von 2 bis 6 m/s, wozu – gute Anpassung vorausgesetzt – eine elektrische Leistung von 50 bis 100 Watt pro Kilogramm Abflugmasse genügt. Aus diesem Grunde eignen sich für E-Segler auch preisgünstige Antriebslösungen, denn die Belastung hält sich in Grenzen und erfolgt zudem intermittierend, also mit längeren Abkühlpausen.

Softys sind aufgrund der geringen Fluggeschwindigkeit für die Nachwuchsschulung geeignet.

Abb. 2.1.1-1
So etwa, wie dieser Junior von Jamara, kann ein anfängergeeigneter Softsegler aussehen. Die „Knickohren" sorgen für mehr Flugstabilität

2.1.2 Hot-Segler

Wer gerne am Hang oder generell auch bei stärkerem Wind segeln möchte, liegt mit einer etwas höheren Flächenbelastung (> 50 g/dm²) besser, damit das Modell nicht zeitweise rückwärts „marschiert". Derartige Modelle fliegen von Haus aus schneller, was gewöhnlich auch in einer höheren Steigrate zum Ausdruck kommt. Bei entsprechender aerodynamischer Auslegung können Hotliner zu rasanten Fluggeräten mutieren. F5B-Wettbewerbsmodelle steigen mit mehr als 50 m/s senkrecht in den Himmel und können beim Anstechen mit weit über 200 km/h

Abb. 2.1.2-1
Guntmar Rüb mit Go one III,
erfolgreiches Wettbe-
werbsmodell der Saison
2001. Daten:
HP 220/30/A2 P4,
Getriebeuntersetzung 7:1,
future 102 Fo,
24 CP-1700SCR

Abb. 2.1.2-2
F5B-Wettbewerbsmaschinen der Weltmeister 1998: Superschlanke Rümpfe, Carbonpro-
peller, die angeklappt bis zur Fläche reichen, mit Akkus vollgestopft bis zum Flächenansatz

über den Platz „heizen". Das Material muss hierbei (wie auch die Nerven des Piloten) belastbar sein. „Elektro-Raketen" der beschriebenen Art gehören daher nicht in die Hände von Anfängern.

Ein Besuch auf den Modellflugplätzen wird uns allerdings belehren, dass die Übergänge zwischen soft und hot eher fließend verlaufen. Als Hotliner bezeichnet man gemeinhin Zweckmodelle, mit denen man sowohl rasant fliegen, als auch in der Thermik kreisen kann. Sie verfügen gewöhnlich über schlanke Rümpfe, Flächen mit dünnen Profilen und einen stärkeren Antrieb (100 bis 200 Watt pro Kilogramm Flugmasse) und werden zumeist nur über Höhen- und Querruder gesteuert. Letztere können beidseitig 50 bis 70 Grad nach oben ausgeschlagen auch als Abstiegs- und Landehilfe genutzt sein.

2.1.3 Solarsegler

Eigentlich nutzen alle Segler die Energie der Sonne, denn diese ist letztlich die Kraftquelle aller Aufwinde. Beim Solarsegler wird jedoch der eingebaute Motor zusätzlich über auf der Tragflächenoberseite angebrachte photovoltaische Stromerzeuger (sogenannte Solarzellen) versorgt. Diese Energie steht gratis, aber in keineswegs üppigen Mengen zur Verfügung, weshalb es beim Solarsegler auf extrem ökonomische Energienutzung ankommt. Daher empfehlen sich nur Motoren mit sehr gutem Wirkungsgrad (z.B. so genannte Glockenankermotoren), welche sinnvollerweise über ein hoch untersetzendes, verlustarmes Getriebe eine möglichst große, langsam drehende Klappluftschraube antreiben.

Die Anhänger des Solarflugs unterscheiden bei den Modellkonzepten zwei mögliche Reinheitsgrade: Solarsegler pur und solche mit Speicherbatterie. Erstere stellen eine nicht geringe Herausforderung an den Konstrukteur wie auch an den

Abb. 2.1.3-1 Edwin Bloch mit Solarsegler ohne Speicherbatterie. Die über den großflächigen Solargenerator aufgefangene photovoltaische Energie reicht aus, um auch bei bedecktem Himmel fliegen zu können

Piloten dar, ist man hier doch zu jedem Zeitpunkt den Launen des Zentralgestirns schutzlos ausgeliefert. Ein sich vor die Sonne schiebendes Wolkenfetzchen kann augenblicklich eine Energiekrise auslösen. Selbst der Winkel, unter dem die Sonnenstrahlen auf die Solarzellen fallen, hat eine unmittelbare Auswirkung auf die zur Verfügung stehende Motorleistung.

Ist eine Speicherbatterie (NiCd-Akku) an Bord, wird schon vieles einfacher. Zum einen lässt sich so bereits am Boden Energie „ansparen", mit der man zumindest auf den ersten kritischen Höhenmetern sicher rechnen kann. Dank

Abb. 2.1.3-2
Solarzellen, wie sie beim Solarflug üblich sind. Oben eine monokristalline Zelle, die, so darunter abgebildet, auch als 4er-String im Handel ist.
Die Spannung liegt bei ca.0,45 bis 0,5 V/Zelle. Darunter die etwas preisgünstigere polykristalline Zelle

Abb. 2.1.3-3
Solar-Clipper von Aeronaut, für den Solarflug-Einstieg gedachtes Modell mit geringstmöglicher Solarzellenbestückung. Mit eingebauter Speicherbatterie in den Sommermonaten gut für viele Stunden ununterbrochenen Flugspaß

eingebautem Pufferakku (es genügt ein kleines leichtes Exemplar) ist die Antriebsleistung nun nahezu unabhängig vom momentanen Einfallswinkel der Sonnenstrahlen. Der Hauptvorteil: Jeder motorlose Thermikflug bewirkt ein sofortiges „Nachtanken" des Speichers, es werden neue Reserven angelegt für kommende Flauten. So ist es mit derartigen Modellen während der Sommermonate leicht möglich, viele Stunden ununterbrochen in der Luft zu bleiben.

Trotz seiner ausgeprägten Verwandtschaft mit dem Soft-Segler darf man einen Solarsegler nicht zu den Anfängermodellen zählen. Die Bestückung des Tragflügels mit Solarzellen verleiht diesem ein nicht zu unterschätzendes Trägheitsmoment, was anfangs beim Steuern Gewöhnung erfordert. Außerdem sind die bläulich gleißenden High-Tech-Siliziumplättchen noch immer nicht im Sonderangebot zu haben und überdies von ziemlich sprödem Charme.

2.2 Das Sportmodell – für den ungetrübten Fluggenuss

Eine schon seit den Kindertagen der Elektrofliegerei beliebte andere Spezies ist das sogenannte Sportmodell. Es sieht meist so aus, als könnte es ein großes Vorbild aus der Reihe bekannter Sportflugzeuge haben. Der Flugstabilität wegen werden meist Hoch- oder Schulterdecker bevorzugt, welche dann auch leicht mittels Handstart in die Luft zu befördern sind.

Abb. 2.2-1
Sport 25, eine gut fliegende „Verwertungsaktion" des Autors. Rumpf stammt von einem Sport 20 von MPX, der gekürzte Flügel von einer Klemm 25 (Krick). Daten: 156 cm, 2,2 kg, 12 Zellen 3 Ah, LRK 32/16-15, APC 9 x 6 Zoll

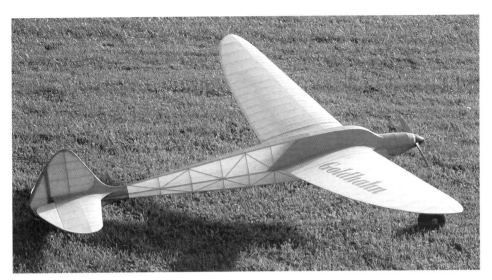

Abb. 2.2-2
Goldhahn, ein ursprünglich freifliegendes Modell alter Schule. Doch in seinem Inneren steckt modernste RC- und Antriebstechnik. Daten: 230 cm, 2,2 kg, 10 Zellen 3,0 Ah, Actro 12-6, Menz 13 x 6, Flugzeit: ewig

Die Steuerung beschränkt sich bei einfachen Sportmodellen, mit welchen auch Anfänger sehr schnell zurechtkommen können, fast immer auf Höhen- und Seitenruder sowie das Schalten des Motors. Damit lassen sich dann schon Kunstflugfiguren wie Loopings und Turns an den Himmel zaubern. Bei fortschreitender Übung wird man vielleicht noch Querruder mit dazu bemühen, um auch Rollfiguren in Angriff nehmen zu können. Elektrische Sportmaschinen im Modellmaßstab treten mit einer Flächenbelastung von um die 50 g/dm² an.

Die Antriebstechnik von Sportmodellen dürfte dem angehenden Elektro-Freak keine schlaflosen Nächte bereiten. Modelle bis etwa 150 cm Spannweite lassen sich auch mit preiswerten Importaggregaten flott durch die erdnahen Luftschichten bewegen. Bei zweckentsprechender Fahrwerksauslegung ist Bodenstart von einem Fußballrasen kein Problem.

Im Gegensatz zu einem Segler, bei dem der Motor nur eine Art „eingebaute Hochstartwinde" darstellt und nach Erreichen von genügend Ausgangshöhe abgeschaltet werden kann, muss bei Sportmodellen der Antrieb nahezu während des gesamten Fluges seinen Verteidigungsbeitrag gegen die Erdschwere leisten, wobei sich dann zwangsläufig die Frage nach der möglichen Flugdauer stellt.

Dank der Fortschritte moderner Akku- und Motorentechnik dürfte die Flugzeit bei Sportmodellen heute eigentlich kein Thema mehr sein. Wer ein sauber und hinreichend leicht gebautes Modell bewegt und gepflegte Akkus einsetzt, darf sich auf Flugzeiten von 15 bis 20 Minuten freuen. 130 bis160 Watt Antriebsleistung je Kilo Fluggewicht sind als ausreichend zu betrachten. An Sportmodelle mit 120 bis 150 Zentimeter Flügelspannweite können sich durchaus auch schon mal begabte Anfänger heranwagen.

*Abb. 2.3-1
Märchen aus 1001 Nacht,
E-Flugversion. Dieser fliegende Styroporteppich
misst 85 x 50 x 2 cm und
wird, gespeist aus
10 N-800AR-Zellen, von
einem LRK 32/12-16 und
einem 11 x 7-CamProp
wie von Zauberhand
durch die Luft bewegt.
Waagerecht wie senkrecht,
ganz nach Belieben*

*Abb. 2.3-2
Auch Schmetterlinge fliegen leise*

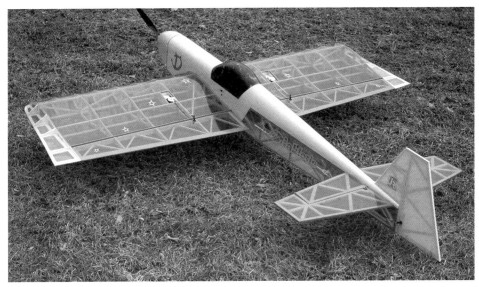

Abb. 2.3-3
Super Diablotin, ein Fun-Modell für Fortgeschrittene. Dickes Profil, leichte Bauweise und ein drehmomentstarker Antrieb kennzeichnen dieses Modell, das Kunstflug in Zeitlupe zelebriert, senkrecht steigt und bei Bedarf auch schwebend „an der Latte hängt". Daten: 155 cm, 2,1 kg, 14 Zellen 2,4 Ah, LRK 35,5/24-14 Wdg., CamProp-16 x 10 mit auf 52 mm vergrößertem und -5 Grad rückgeschränktem Mittelstück (entspr. 16,5 x 8)

2.3   Show- und Fun-Modelle – nicht nur Flugzeuge fliegen

Sie passen in alle Klassen – oder in keine? Die Rede ist von all jenen mit elektrischer Kraft fliegenden Gebilden, die man erst auf den zweiten Blick unter dem Begriff Flugzeug einstufen möchte. Hier stand kein personentragendes Flugzeug Pate. Statt dessen regierte die Phantasie des Erbauers und vielleicht eine ganze Menge Experimentierlust. Regeln existieren in dieser Klasse nicht. Erlaubt ist, was fliegt und Spaß macht. Und dieser wächst fraglos mit der Anzahl der Bewunderer. Deshalb findet man Show- und Fun-Modelle bevorzugt auf Schauflugveranstaltungen.

Nicht immer sind sie ganz einfach zu steuern, die in großer Höhe so täuschend echt wirkenden Nachbildungen aus dem Reich der Paläontologen bzw. Ornitologen, all die Schwanzlosen, die Rückwärtsflieger und Rumpflosen, die vielgestaltigen „Luftkühe", die fliegenden Teppiche und Scheiben, auf denen als Seitenleitwerk eine Comicfigur reitet. Wo der optische Effekt oder das Überraschungsmoment (… was, so was fliegt?) den Ton bestimmen, dürfen natürlich nicht Flugleistungen wie von aerodynamisch ausgefeilten Modellen erwartet werden. Letztlich spricht es für den zwischenzeitlich erreichten Leistungsstand beim Elektroantrieb, dass es damit offensichtlich gelingt, beinahe alles (!) in die Luft zu kriegen, wenn zuweilen auch nur für relativ kurze Dauer.

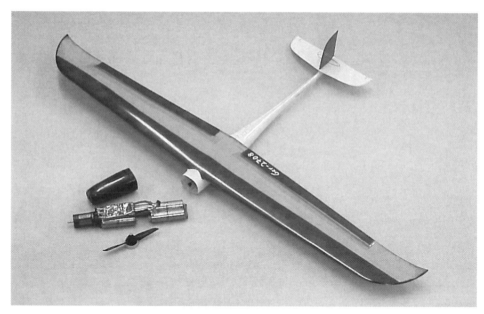

Abb. 2.4-1
Schneller 7-Zellen-Wettbewerbs-Pylon-Racer mit freigelegter Antriebseinheit
(Hacker-Motor, Prototyp)

2.4 Speedmodelle – alles Nervensache

Die Bandbreite reicht hier von auf Geschwindigkeit getrimmten Sportmodellen bis hin zu jenen der Wettbewerbsklasse F5D. Speedmodelle werden zumeist nur über Quer- und Höhenruder sowie Drehzahlsteller (bevorzugt in der „Vollgas-stellung" verharrend) gesteuert. Bei Wettbewerbsmaschinen wurden vermittels Radarpistole schon Geschwindigkeiten von 280 km/h gemessen, was deutlich macht, dass derartige „Geschosse" routinierten Piloten vorbehalten sein sollten.

Das Geheimnis der Schnelligkeit ist bei Elektro-Speedmodellen nicht allein in der Kraft der Motoren, vielmehr in einer ausgefeilten Aerodynamik zu suchen, die nur elektrisch angetriebene Modelle zu bieten haben. Letztlich verschwindet ein Elektromotor gänzlich in der Flugzeugnase, sein Bedarf an Kühlluft ist minimal, und hervorstehende Teile wie Zylinderkopf oder Schalldämpfer, die seitlich ins Freie ragen, sind ihm fremd.

Zuweilen wird bei Speedmodellen auf ein Fahrwerk verzichtet. Beim Start über-gibt ein (am besten speerwurferprobter) Helfer das Modell mit kräftigem Schwung seinem Element; gelandet wird auf dem Bauch, nachdem der Pilot (hoffentlich erfolgreich) versucht hat, durch vorsichtiges Ziehen den Überschuss an Fahrt abzubauen.

Abb. 2.5-1
Staudacher 300 S von Amelung-Experimental. Besonderheit: Der Außenläufer-E-Motor wurde hier direkt in den Spinner integriert. Daten: 150 cm, 3,3 kg, 16 Zellen 2,4 Ah, LRK 34,5/24-14, CamCarbon 13 x 11

2.5 Kunstflugmodelle – es lebe die Disziplin

Kunstflug ist der Wille, das Flugzeug zu beherrschen (E. Giezendanner). Sehr hilfreich ist dabei, wenn das Modell über alle drei Achsen steuerbar ist und von Haus aus neutral fliegt. Einfluss darauf hat zum einen die Profilwahl. Stark tragende Profile scheiden von vornherein aus, da ihre Rückenflugeigenschaften nicht befriedigen. Kunstflugprofile sind meist symmetrisch oder verfügen zumindest über eine nach außen gewölbte Unterseite. Selten sind sie dünner als 12 Prozent. Ein dickeres Profil fördert im Verbund mit einer geringen Flächenbelastung (> 85 g/dm^2) den heute erwünschten langsamen „Constant-Speed"-Flugstil. Aufgrund ihrer guten Rolleigenschaften werden zumeist Tiefdecker bevorzugt. Diese benötigen natürlich ein Fahrwerk, das, je nach Typ oder Vorbild, einziehbar sein kann.

Die antriebstechnische Auslegung bleibt bei Wettbewerbs-Kunstflugmodellen trotz aller in den letzten Jahren gemachten Fortschritte ein technischer Spagat, gilt es doch, nicht nur die „Kletterpassagen" im Kunstflugprogramm mühelos zu bewältigen, sondern dabei zugleich so wenig Strom zu verbrauchen, dass auch die letzten Figuren der Programmfolge nicht plötzlich einer auftretenden Energieknappheit zum Opfer fallen. Ein hervorragender Wirkungsgrad ist daher unabdingbare Voraussetzung für das Antriebssystem einer Kunstflugmaschine. Daher sollte es nicht verwundern, wenn im Wettbewerb ausschließlich bürstenlose, elektronisch kommutierte (sogenannte Brushless-)Motoren zu finden sind.

Wer hingegen allein zum eigenen Vergnügen Kunstflugfiguren in den Himmel zeichnen möchte, kann auch mit herkömmlicher Technik viel Spaß haben. Für gute Leistungen ist aber auch hier neben einem (bei hinreichender Festigkeit) leicht gebauten Modell eine sorgfältige Antriebsabstimmung unverzichtbar.

Abb. 2.5-2
E-Faktor, F3A-Kunstflugmaschine. Superleichtbau – Kunstflugmodell mit untersetztem Antrieb. Daten: 200 cm, 4040 g, 30 Zellen 2,4 Ah, LMT1940/14, Planetengetriebe Reisenauer Super Chief 6:1, RASA 18,5 x 12

*Abb. 2.5-3
Die Antriebseinheit des E-Faktors ist elastisch aufge-hängt und hinten zusätzlich abge-stützt. Und bloß nicht zu viel Holz verbauen ...*

2.6 Vorbildähnliche Modelle – damit Schönheit nicht zur Last wird

Fraglos wird ein elektrisch angetriebenes Modell die besten Flugleistungen dann erzielen, wenn wir beim Bau auf jeden unnötigen „Schnickschnack" verzichten. Wie solche Flugmaschinen aussehen, offenbart der Besuch eines F5B- oder F5D-Wettbewerbs. Die Proportionen derartiger Modelle gehorchen allein dem beabsichtigten Einsatzzweck, sind nur im Hinblick auf Flugleistung optimiert. Wer hingegen nach „mehr Flugzeug" strebt, wird im Interesse einer optischen Aufwertung seines Modells gerne etwas „Schönheitsballast" in Kauf nehmen.

Versuche, auch vorbildähnliche Modelle „elektrotauglich" zu konstruieren, wurden bereits Anfang der 80er Jahre von Pionieren wie Bruno Schmalzgruber erfolgreich unternommen.

Beste Erfahrungen konnte er mit mehrmotorigen Propellermaschinen sammeln, wie sie in der Zeit vor dem Zweiten Weltkrieg als Passagiermaschinen und während der unseligen Zeit von 1939 bis 1945 als Bomber und Transportflugzeuge eingesetzt waren. Gerade bei Mehrmotorigen bietet die elektrische Antriebsversion entscheidende Vorteile. So gibt es keine Probleme mit startunwilligen oder vorzeitig aussetzenden Motoren. Zum anderen entpuppt sich der gelegentlich schon als teuer apostrophierte E-Flug gerade in diesem Fall als eine ausgesprochen preisgünstige Lösung, weil bei mehrmotorigen Modellflugzeugen großer Spannweite fast immer auf preiswerte Triebwerke aus Fernost zurückgegriffen werden kann (vier Motörchen des Typs Mabuchi 380 bringen es zusammen auf gut 350 Watt und kosten pro Stück weniger als 5 Euro).

Abb. 2.6-2
Ryan PT 20 von Jamara; an ihren Beinen sollt ihr sie erkennen. Vorbildtreues Modell im Look der Golden Classics. Ursprünglich für Verbrenner ab 6,5 cm³ gemacht, fliegt auch sehr gut elektrisch. Daten: 163 cm, 3,1 kg, 14 Zellen 2,4 Ah, Actro 12-5, CamProp 11 x 6

Abb. 2.6-1
Pilatus-Porter, ein gutmütiges Trainermodell von PAF mit durchaus vorbildähnlichem
Aussehen. Selbstredend fühlt sich ein Flugzeug, das in den Schweizer Bergen zu Hause
ist, auf einer Schneepiste wohl. Daten: 155 cm, 2,5 kg, 10 Zellen 2,4 Ah, ULTRA 930-7,
9 x 6 CamProp

Abb. 2.6-3
Auch Elektropiloten zeigen sich bisweilen sehr detailverliebt

Einen etwas anderen Weg ging der Autor bei dem Versuch, Modelle sogenannter Oldtimer aus der Zeit des Ersten Weltkriegs mit elektrischem Antrieb auszustatten. Zwar stellen nahezu alle Vorbilder aus dieser Drahtkommoden-Epoche
aerodynamische Katastrophen dar, doch kommt den Elektrifizierungs-Vorhaben
andererseits wieder zugute, dass auch die Vorbilder aus Kaiser Wilhelms Zeiten
nicht gerade mit grenzenloser motorischer Potenz ausgestattet waren. Leicht –
das heißt hier vorbildentsprechend – gebaut, absolvieren die Oldies des Autors
alle mühelos Bodenstart von rauhen Graspisten und sind ihren betagten
Vorbildern in Sachen Kurzstartfähigkeit und fliegerischer Rasanz sicher weit
überlegen. Die bei dieser Modellkategorie gemessenen Flugzeiten liegen zwischen 5 und 10 Minuten.

Versuche mit Nachbauten von Propellermaschinen aus den 30er Jahren – man
hatte bereits begonnen, die Gesetze der Aerodynamik mit ins Kalkül zu ziehen –
führten bereits bei vielen Modellpiloten zu außerordentlich ermutigenden
Flugergebnissen.

Wer den Aufwand nicht scheut, E-Motoren mit einem Untersetzungsgetriebe zu
kombinieren, kann, ganz im Gegensatz zu der überwiegenden Anzahl von glüh-
zündergetriebenen Modellen, die Vorzüge einer stilvoll großen Luftschraube nicht
nur für die Optik, sondern auch zum Fliegen nutzen und erreicht damit eine optimale Umsetzung der Antriebsenergie.

Abb. 2.6-4
*Vielleicht hätte der Erbauer hinter den Auspuffrohren noch einige Rußspuren anbringen
sollen, denn unter der liebevoll erbauten Motorattrappe werkelt ein unspektakulärer E-
Motor (Aveox mit Getriebe)*

Abb. 2.6-5
Doppeldecker Super-Stearman mit LRK 34,5 /12-16 Wdg. und 12 Zellen 3,0 Ah

Wenn Modelle auch fürs Auge gebaut sein sollen, wird man außerdem bald die „optische Zurückhaltung" elektrischer Motoren schätzen lernen. Sie können ohne Kühlprobleme voll verkleidet werden.

Gute Möglichkeiten eröffnen sich im Bereich vorbildähnlicher Elektromodelle auch bei zeitgemäßen Vorbildern, wenn diese, wie etwa bei modernen Geschäfts- und Reiseflugzeugen obligatorisch, auf geringen Energieverbrauch getrimmt sind.

Längst wagen sich experimentierfreudige Elektroflieger auch an Vorbilder der Neuzeit heran. Hervorzuheben sind in diesem Zusammenhang vor allem die Jet-Modelle, die dann natürlich der Vorbildtreue wegen auch nicht mit einem Propeller ausgestattet werden sollten. Die Lösung, welche das Experimentierstadium längst schon verlassen hat, heißt Elektro-Impeller.

2.7 Impellermodelle – die Flüsterdüsen

Schon immer waren Modellflieger von der Möglichkeit fasziniert, moderne Jets vorbildgerecht nachbauen und fliegen zu können. Dies schien ursprünglich an dem hohen Leistungsbedarf, der dieser Flugzeugspezies zu eigen ist, scheitern zu müssen. Doch wurde die Expertenprognose, dass wohl nie ein elektrisch angetriebener *Starfighter* fliegen würde, längst schon durch die Flugpraxis widerlegt. Interessanterweise konnten derartige Projekte sogar mit vergleichsweise bescheidenem antriebstechnischem Aufwand (Billigmotor) sehr zufriedenstellend gelöst werden. Dennoch sollte hier nicht unerwähnt bleiben, dass dann, wenn vorbildgetreues Aussehen von adäquaten Flugleistungen gekrönt sein soll, ein leichtgewichtiger Brushless-Motor sowie ein leistungsfähiger Akku zumindest nicht schaden können. Für ein jetähnliches Fliegen sollte man allerdings 200 bis 250 Watt pro Kilogramm Fluggewicht investieren können.

Mehrstrahlige Jets profitieren andererseits von der Preiswürdigkeit fernöstlicher Serientriebwerke sowie vor allem der großen Verlässlichkeit und Betriebssicherheit, welche Elektromotoren gemeinhin auszeichnen.

Abb. 2.7-1
Rafale von Aeronaut. Längst brauchen auch Elektro-Jets auf das Einziehfahrwerk nicht mehr verzichten. Ob es indes bei dieser Rasenhöhe klappt, ist allerdings ein wenig fraglich. Daten: 104 cm, 4,2 kg, 25 Zellen 2,4 Ah, Kontronik KBM 77-9

Abb. 2.7-2
Lear Jet von Kyosho. Formschöner, zweistrahliger Business-Jet aus Hartschaum, auf
Hartpiste bodenstartfähig. Daten: 158 cm, 2,5 kg, 14 Zellen 2,4 Ah, Motoren 2 x 380er
spezial (Kyosho), Impeller 74 mm Ø

Abb. 2.7-3
Panther F9F von Aeronaut, vorbildähnlicher Jet-Oldtimer mit überragenden Flugleistungen
in Voll-GfK-Bauweise. Daten: 104 cm, 1,8 kg, 16 Zellen 1,7 Ah (CP-), Lehner LMT 1930/12,
Impeller Schübeler DS-51-Fan 3-ph

Abb. 2.7-4
Vector, rasanter Jet-Nurflügler ohne Vorbild in Voll-GfK-Bauweise. Das Triebwerk ist gut zugänglich und kann, da außen liegend, frei „atmen". Daten: 115 cm, 2,7 kg, 20 Zellen 2,4 Ah, Hacker HBR 50L, Impeller Schübeler DS-51-Fan 3-ph

Impellergetriebene Jetmodelle sind, ein gutes Auge des Piloten vorausgesetzt, keineswegs schwerer zu fliegen als schnelle Typen anderer Modellkategorien. Etwas kritisch erweist sich zuweilen aber der Handstart, weil zum einen der Impeller im Bereich kleiner Geschwindigkeiten noch einen geringen Wirkungsgrad aufweist und damit auch vergleichsweise wenig Anfangsbeschleunigung liefern kann. Außerdem sind Jetmodelle natürlich generell für höhere Fluggeschwindigkeiten ausgelegt.

Dies hat zu einer besonderen Startmethode geführt, bei der ein kurzes Gummiseil als Katapult dient, das dem Jet seine benötigte Anfangsgeschwindigkeit verleiht. Gleichwohl fehlt es nicht an Beweisen, dass insbesondere große Impellermaschinen mit Fahrwerk (natürlich einziehbar) auch eigenstartfähig sind.

Es hat den Anschein, als ob der Elektro-Impeller derzeit nicht allein unter den Elektroflugbegeisterten zahlreiche Anhänger gewinnt. Mitverantwortlich dafür ist fraglos der faszinierende Sound dieser Triebwerke, der – saubere Luftführung vorausgesetzt – schon sehr nach „Düse" klingt.

2.8   Hubschraubermodelle

Leise und libellengleich turnen sie durch den Luftraum, die „Hubis", die ihre Aufstiegsenergie aus einem Akkupaket beziehen. Auch sie zählen zu jenen Modellkategorien, denen die Expertenmeinung ursprünglich keine große Zukunft prophezeien wollte.

Nach ersten qualvollen Versuchen mit einer via „Nabelschnur" aus einer 12-V-Autobatterie mit Strom versorgten Heli-Andeutung zur Mitte der 80er Jahre verlief die Entwicklung der Technik rasch und zielsicher. Ursprünglich verzichtete man zugunsten eines verbesserten Leistungsgewichts auf Finessen wie automatische Drehzahlregelung und Gyro-Stabilisierung des Heckrotors. Die Technik präsentierte sich weitestgehend nackt. Mit solchen „fliegenden Prüfständen" waren Schwebeflüge von 4 bis 6 Minuten Dauer möglich.

Bei einem Elektro-Hubschrauber moderner Machart braucht der Pilot weder auf den Komfort eines Heckrotorkreisels noch auf ein vorbildgerechtes Äußeres zu verzichten. Zuverlässiger und exakter als beim „Verbrenner" wird die Rotordrehzahl elektronisch konstant gehalten, solange es die Akkuspannung zulässt. Welche Art von Kunstflug heute mit einem „Akkuschrauber" bereits möglich ist, erweist sich weit mehr als eine Frage der Kunstfertigkeit des Piloten denn der technischen Potenz des Antriebs. Selbst bei solchermaßen „verschärfter" Form des Umgangs reichen die Energiereserven 6 bis 8 Minuten aus. Wer sich genussvoll mit geruhsamen Flugmanövern begnügt, wird erst nach 10 bis 15 Minuten Flugdauer an den unausbleiblichen „Landgang" erinnert. Bei Versuchen mit Stromquellen höherer Energiedichte wurden schon Flugzeiten von mehr als einer Stunde Dauer realisiert.

Abb. 2.8.-1
Elektro-Hubi-Piloten können beinah überall üben

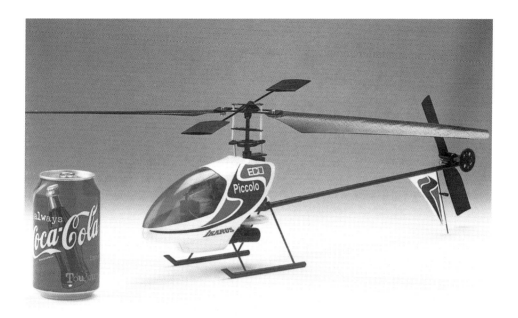

Abb. 2.8-2
Piccolo, Micro-(Indoor-)Hubimodell von Ikarus: 50 cm Rotordurchmesser, 280 g, 6 bis 8
Zellen/400 mAh

Marktgängig sind derzeit zwei verschiedene Modellgrößen: Die sogenannte Eco-Klasse mit bis zu 120 cm Rotordurchmesser, gespeist aus Akkus von 8 bis 16 Zellen. Darüber liegt man bei 150 cm Kreisdurchmesser, wobei die Energie aus 24 bis 30 Zellen stammt.

2.9   Park- und Indoorflyer – der Reiz der Langsamkeit

Schier unglaubliche Fortschritte bei der Miniaturisierung der Fernsteuer-Komponenten ließen Modelle in saalflugtauglichen Dimensionen entstehen. Hatten derart fliegende Winzlinge zu Freiflugzeiten noch mit Hilfe von Gummimotorantrieb ihre Kreise unter der Turnhallendecke gezogen, so lag es im RC-Zeitalter eigentlich nahe, die an Bord mitgeführte elektrische Energie auch zu Antriebszwecken zu „missbrauchen". Jedenfalls speisen sich die Minimotörchen der Park- bzw. Slowflyer oder auch Saalflugmodelle heute aus Akkus der Größe, wie sie vor kurzem bestenfalls zur Empfängerversorgung geeignet schienen. Auch die verwendeten Motoren sind größtenteils als Ergebnisse glückhafter Zweckentfremdung zu betrachten. Es zeigt sich, dass selbst Motörchen vom Durchmesser eines Bleistifts, wie sie für Stellantriebe in Kameras und ähnliche Zwecke produziert werden, in der Lage sind, bodenstartfähige Modelle anzutreiben. Voraussetzung ist allerdings konsequent ausgeführter Leichtbau nicht zuletzt durch die Verwendung geeigneter High-Tech-Materialien, sowie eine ausgeklügelte Anpassung der Antriebskomponenten.

Abb. 2.9-1
Platz ist in der kleinsten Hütte oder Hallenkunstflug vom Allerfeinsten

Falls keine Turnhalle von entsprechenden Dimensionen zur Hand, können diese Slowflyer natürlich auch im Freien bewegt werden, bei absoluter Windstille versteht sich! Davon mögen wohl auch Bezeichnungen wie „Parkflyer" herrühren. Gleichwohl sollte man bedenken, dass hier aufgrund der ungeheuerlichen „Leichtigkeit des Seins" unzutreffende Parallelen zu Spielzeug gezogen werden könnten. Auch der Propeller eines Slowflyers, obgleich nur mit einer Leistung von wenigen Watt angetrieben, ist in der Lage, Menschen z.B. am Auge ernsthaft zu verletzen.

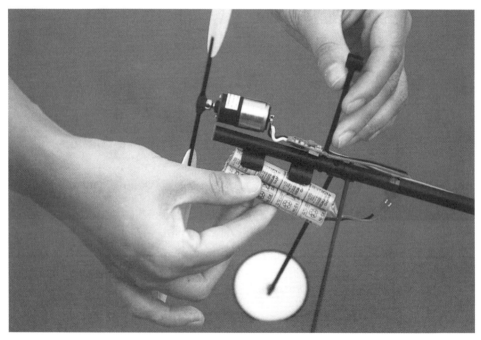

Abb. 2.9-2
Aufrüsten der Stubenfliege von Braun Modelltechnik. Das 110 Gramm leichte Modell bezieht die Energie zum Fliegen aus 8 Zellen/50 mAh

Abb. 2.9-3
Fokker Dr I Dreidecker, für größtmögliche Wendigkeit konzipiert und damit prädestiniert für Saalflug

Abb. 2.9-4
Tiger Moth filigran; auch für Freilufteinsätze geeignet

2.10 Wasserflug – auf den Wellen reiten

Einen Hauch von Urlaubsatmosphäre vermittelt die Wasserflugszene. Wer in der Nähe eines größeren Gewässers lebt, kann dieses als Start- und Landefläche nutzen. Da der Elektroflug für Erholungssuchende keine Lärmbelästigung darstellt und elektrische Antriebe rückstandsfrei arbeiten, bestehen neben den obligatorischen Vorsichtsmaßnahmen keine besonderen Einschränkungen. Dafür steht eine ungewöhnlich ausgedehnte Start- und Landefläche zur Verfügung, die geradezu einlädt, boden-, Pardon, wassernahe Figuren zu fliegen. Der Leistungsbedarf eines wasserstartfähigen Modells unterscheidet sich, richtige Schwimmergestaltung vorausgesetzt, nicht wesentlich von bodenstartenden Modellen.

Abb. 2.10-1
Sanft gelandet. Selbst sog. Parkflyer, wie dieser Sunnyboy, sind wasserstartfähig

Abb. 2.10-2
Flugboot Rohrbach Rostra

Abb. 2.10-3
Elektrisch angetriebene Wasserflug-Piper mit Erbauer Rolf Breitinger in szenetypischer Umgebung. Daten: 220 cm, 4,7 kg, 17 Zellen 2,0 Ah, ULTRA 1300-8 mit Kruse-Getriebe 2,4:1, APC-Prop 15 x 8

Abb. 2.10-4
Motorträger für ein Flugboot DO 18 mit zwei großen LRK-Motoren, eine Komposition von Dr. Arnim Selinka

Abb. 2.11-1
Herkules C-130 mit 6 m Spannweite und 19,8 kg Abfluggewicht, 4 Getriebemotoren Marx
GT 300/10, 96 Zellen/1,9 Ah

2.11 Großmodelle – oder die beinahe (!) grenzenlosen Möglichkeiten des Elektroflugs

Fraglos gibt es immer noch Modellarten, bei denen ein sinnvoller Einsatz elektrischer Antriebssysteme in Frage steht, sei es, weil jene über den Flugspaß entscheidende Bilanz aus Modellmasse und Antriebsleistung noch nicht zu stimmen scheint, oder weil einfach der technische Aufwand in eine nicht mehr akzeptable Höhe zu entschwinden droht. Die Grenze markieren jene Großmodelle, die ihre Antriebsenergie aus Batterien von 30 bis 32 Zellen beziehen. Diese dürfen dann – das lässt sich mit den heutigen Erfahrungen, je nach den an die Flugleistungen gestellten Anforderungen, überschlägig berechnen – maximal 6 bis 8 Kilogramm wiegen. Modelle mit 60, 90 oder gar 120 Zellen mögen gern gesehene Sensationen auf Flugtagen sein. Dabei mag die Höhe des jeweils zu rechtfertigenden materiellen Aufwands eine Sache des individuellen Befindens sein. Wenn aber hinter der Vereinshütte ein benzingetriebener Stromgenerator knattern muss, damit auf dem Flugfeld umweltfreundlicher Elektroflug der Giganto-Klasse demonstriert werden kann, so scheint sich dies von der ursprünglichen Grundidee des Elektroflugs schon wieder etwas zu entfernen!

Abb. 2.11-2
Hier treiben 2 Motoren
ULTRA 1600-6 über
eine gemeinsame
Abtriebswelle einen
20 x 10-Zoll-Propeller.
Das Bild zeigt die
„Antriebsabteilung"
einer 288 cm spannen-
den Ju 87 mit 8 kg
Masse. Die Energie
kommt aus 2 x 20
Zellen/2,0 Ah

Abb. 2.11-3
Das sind schon Dimen-
sionen: Franz Schmidt,
Spezialist für Groß-
modelle, trägt die Ju 87
zum Startplatz

3. Der Antriebsstrang

Alle Energie, die wir einem Elektroflieger mit auf den Weg geben können, kommt – sehen wir vom Solarflug einmal kurzzeitig ab – allein aus dem Akku. Sie ist dort in chemischer Form gespeichert und wird erst über eine ganze Kette verschiedener Umwandlungsprozesse ihrer eigentlichen Bestimmung zugeführt. Diese besteht bei der nachfolgenden Betrachtung darin, das Modell nach Höhe(rem) streben oder schneller werden zu lassen.

Es lohnt sich, diese Antriebskette etwas näher zu betrachten, widersetzt sie sich doch leider der volkstümlichen Erkenntnis, eine Kette sei immer so gut wie ihr schwächstes Glied. Das wäre zu schön! Nein, beim Antrieb eines E-Modells verhält es sich weitaus schlimmer: Die Schwächen aller einzelnen Glieder des Antriebsstrangs vervielfachen sich gegenseitig!

Werfen wir, ehe wir uns notgedrungen den energetischen Zwischenstadien mit ihren mysteriösen Energielöchern im Einzelnen zuwenden, einen Blick auf den Gesamtprozess und seine zahlreichen Schnittstellen. Wir müssen uns hierbei leider mit der Erkenntnis abfinden, dass nicht nur dem Menschen selbst, sondern auch der ihn umgebenden Natur, das vielbeschworene Prinzip der Selbstlosigkeit gänzlich fremd zu sein scheint. Jede einzelne Station der Energieübertragung behält ihren Eigenanteil ein. Das Verhältnis von weitergereichter zu ursprünglich erhaltener Energie nennen wir Wirkungsgrad (η). Er ist immer kleiner als 1 (entspr. 100%). Erschwerend kommt hinzu, dass auch auf dem Weg zwischen den einzelnen Stationen noch so einiges „verschütt" gehen kann. C'est la vie!

Beim Elektroflugmodell muss die Energie einen Leidensweg mit folgenden Stationen durchlaufen:

Akku > Kupferleitung + Stecker > Drehzahlsteller > Kupferleitung (+ Stecker) > Motor > (Getriebe) > (Fernwelle mit Zwischenlagerung) > Propeller > Modell > *Höhengewinn*

3.1 Akku

Der Akku, das sind im Beispiel 12 ausgesuchte Nickel-Cadmium-Sinterzellen, deren Urspannung sich mit 1,25 V/Zelle beziffert, hat sich eine Leerlaufspannung U_0 = 15 V an die Mütze geheftet. Bei einer beabsichtigten Stromabgabe von 30 A könnte er theoretisch 450 Watt abliefern. Glauben wir ihm auch die aufgedruckte Nennkapazität von 2,0 Ah, so steigt er mit einem Potenzial von 30 Wattstunden (Wh) in den Ring.

Doch die Enttäuschung lässt nicht lange auf sich warten! Messen wir nämlich die Akkuspannung unter Last, so bleiben im Beispiel lediglich 13,4 Volt übrig. Die Leistung, welche sich hieraus noch ergibt, lässt bereits erste Illusionen bröckeln: Mehr als 10 Prozent, nahezu 50 Watt, werden vom Lieferanten einbehalten, eine Art Power-Disagio wohl? Dabei wurde die Antriebsstromquelle mit Bedacht ausgewählt. Ihr Innenwiderstand beziffert sich auf 4,5 mΩ pro Zelle, ein ausgesprochen guter Wert, wobei der Anteil der Zellenverbinder der Einfachheit halber schon mit eingerechnet ist. An diesem Innenwiderstand nun bleibt nach dem Ohmschen Gesetz Spannung (U) bereits im Akku „hängen", ein Verlust, der nach der bekannten Formel $U = R \times I$ um so schmerzlicher ausfällt, je größer der Widerstand R und der Strom I sind. Mit beiden Größen werden wir uns noch beschäftigen müssen.

3.2   Kabel und Stecker

Natürlich haben wir unser Antriebssystem leistungsgerecht mit Kupferlitzen des Querschnitts 2,5 mm² verkabelt und auch in teure 4-mm-Goldstecker investiert. Mit jeweils 10 Zentimeter Leitungslänge an den Polen des Akkus und 15 cm am Drehzahlsteller fassen wir uns hinreichend kurz. Auch Regler und Motor trennen nur ganze 5 Zentimeter Kupferleitung. Das Kabel stecken wir direkt an den Motorklemmen ein: Und weil bei dieser Verbindungsarbeit keine schwerwiegenden Fehler auszumachen sind, bleibt auch der Spannungsverlust mit 250 mV in erträglichen Grenzen. Die Mathematik indes deckt dennoch gnadenlos auf, dass auf dem gesamten Kupferweg nicht weniger als 7,2 Watt verschwunden sind.

3.3   Drehzahlsteller bzw. Controller

Angenehm überrascht sind wir hingegen vom dem elektronischen Drehzahlsteller. Mit 99 Prozent Wirkungsgrad erweist er sich als uneigennützig und genügsam. Dies schafft er allerdings nur, weil wir ihn momentan im „direkten Gang", also mit Vollstrom, nicht zu hektischer Betriebsamkeit animieren. Müßte er richtig „stellen", d.h. die Drehzahl des Motors reduzieren, so könnte der Wirkungsgrad leicht auf Werte unter 95% abtauchen. Drehzahlsteller, zu Anfang ihrer Karriere noch als unnütze Energieverschwender verunglimpft, profitieren heute von den geradezu phantastischen Fortschritten, mit denen uns die Leistungselektronik in den vergangenen Jahren verwöhnte. Kaum schlechter schneiden sog. Controller ab, welche bei bürstenlosen Motoren die Drehzahlstelleraufgabe mit übernehmen. Auch hier ist im Bereich des drehzahlgedrosselten Betriebs mit einem deutlichen Anwachsen der Verlustrate zu rechnen.

3.4   Motor

Der Wirkungsgrad von Modellmotoren ist größen- und bauartabhängig. Großserienmotoren der „Speed-Klasse" bringen es im Betrieb auf 60 bis 75%. „Veredelt", d.h. mit verbesserten Magneten und speziell lastangepassten Kohlen kommen schon mal über 80% zustande. Elektronisch kommutierte (sog. Brushless-)Motoren können je nach Bauart und Größe bis über 90% erreichen. Im Allgemeinen begnügt man sich indes auch dort mit Werten im 80er-Bereich und baut den Motor dafür kleiner und leichter.

Das hier vorgestellte Exemplar repräsentiert mit $\eta = 77\%$ also gesundes Mittelklasseniveau.

3.5 Getriebe

Es ist leichter, mit einem Elektromotor eine hohe Leistungsdichte und einen guten Wirkungsgrad über eine hohe Drehzahl zu erreichen. Dann allerdings wird ein nachgeschaltetes Getriebe zur Pflicht, denn Luftschrauben verhalten sich genau umgekehrt: Sie arbeiten bei geringer Drehzahl und hohem Drehmoment effizienter.

Auch bei einem mechanischen Untersetzungsgetriebe hängt der Wirkungsgrad vom Betriebspunkt ab. Im Allgemeinen verbessert sich der Wirkungsgrad, der irgendwo zwischen 92 und 96% angesiedelt sein dürfte, mit steigender Belastung.

3.6 Propeller

Den Propeller umweht für die meisten Modellflieger, trotz offen erkennbarem Funktionsprinzip, eine Aura des Unbekannten. Er hat die Aufgabe, Drehbewegung in Vortrieb umzusetzen. Das macht er auch, pflegt nebenbei aber noch einige kräftezehrende Sportarten. Daher halten sich seine „hauptberuflichen" Erfolge mit 60 bis 70 Prozent in Grenzen. Seine Effizienz hängt neben dem Verhältnis von Durchmesser zu Steigung weitgehend auch davon ab, ob er in einem für seine Dimensionen günstigen Geschwindigkeitsbereich arbeiten darf. Dann kann der Wirkungsgrad auch schon mal in die Nähe von 80% vordringen.

Abb. 3.8 b
Die gar ernüchternde Energiebilanz der elektrischen Antriebskette

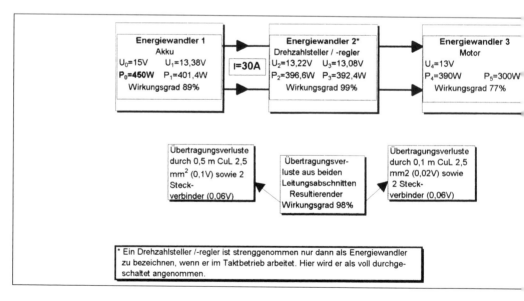

3.7 Flugmodell

Landen wir schließlich bei der letzten Energiewandlcrstufe, dem Flugmodell, das wir bisher möglicherweise noch gar nicht unter diesem Gesichtspunkt betrachtet haben. Mit η = 85 Prozent macht es nicht einmal eine ganz schlechte Figur. Die Aufgabe, sich vom Propellerluftstrom emporheben zu lassen, wird ein Hochleistungssegler natürlich weit besser lösen als beispielsweise eine fliegende Styroporplatte. Auch soll an dieser Stelle ganz bewusst einmal ausgeklammert werden, dass es zahlreiche Modellarten auf unseren Flugplätzen zu bewundern gibt, von denen man ganz anderes erwartet, als nur auf Höhe zu kommen.

3.8 Bilanz

Was von den ursprünglich aufgewendeten 450 Watt am Ende übrig geblieben ist, gibt wenig Anlass zu ungestüm artikulierter Freude. 156 Watt, das sind jämmerliche 35 Prozent, also ein gutes Drittel dessen, was im Akku ohnehin schon knapp bemessen zur Verfügung stand. Dieser Gesamtwirkungsgrad ergibt sich, wenn wir die einzelnen Wirkungsgrade aller Energiewandler des Antriebssystems miteinander multiplizieren:

$$\eta_{ges} = \eta_1 \times \eta_2 \times \eta_3 \times \eta_4 \times \eta_5 \times \eta_6 = 0{,}89 \times 0{,}99 \times 0{,}77 \times 0{,}94 \times 0{,}65 \times 0{,}85 = \mathbf{0{,}35}$$

Natürlich stellt sich jetzt gleich die Frage, was denn ein Flugmodell mit 156 effektiv verfügbaren Watt eigentlich anfangen kann? Nun, ganz einfach: Ein Watt (W) ist gleichbedeutend mit einem Newtonmeter pro Sekunde (Nm/s). Die Leistungseinheit P = 1 W ist also in der Lage, eine Gewichtskraft (F) von 1 N (soviel wiegt eine 100-g-Schokoladentafel) mit
einer Steiggeschwindigkeit (v) von 1 m/s zu heben.

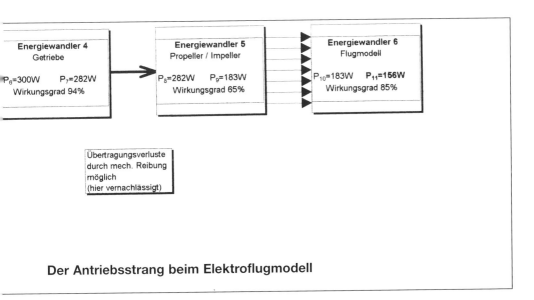

Der Antriebsstrang beim Elektroflugmodell

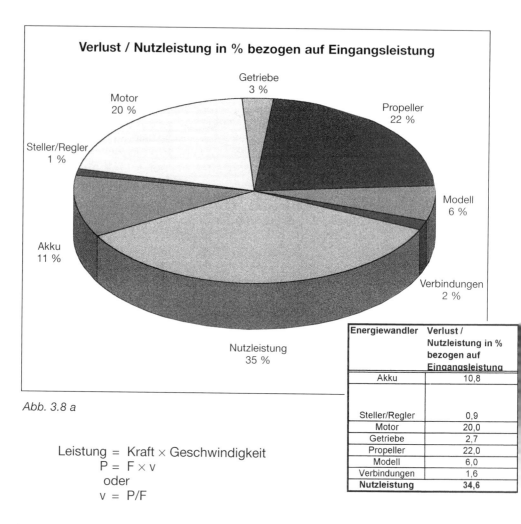

Verlust / Nutzleistung in % bezogen auf Eingangsleistung

Getriebe 3 %

Motor 20 %

Propeller 22 %

Steller/Regler 1 %

Modell 6 %

Akku 11 %

Verbindungen 2 %

Nutzleistung 35 %

Energiewandler	Verlust / Nutzleistung in % bezogen auf Eingangsleistung
Akku	10,8
Steller/Regler	0,9
Motor	20,0
Getriebe	2,7
Propeller	22,0
Modell	6,0
Verbindungen	1,6
Nutzleistung	**34,6**

Abb. 3.8 a

Leistung = Kraft × Geschwindigkeit

$$P = F \times v$$

oder

$$v = P/F$$

150 W lassen ein 3-Kilo-Modell (ca. 30 N) mit 5 m/s steigen. Wenn wir es geschafft hätten, dasselbe Antriebsaggregat so leichtgewichtig zu umhäuten, dass das Ganze nur 1,5 Kilo gewogen hätte, so wären 10 m/s Steigen der Lohn gewesen. Doch Vorsicht, alles hat Grenzen – und seinen Preis!

Eine weitere Frage drängt sich auf: Wo sind denn die vielen Watt verblieben, die einst tatendurstig angetreten waren, das bunt bebügelte Produkt aus den Tiefen des Hobbykellers in himmlische Höhen zu tragen? Um diese Frage zu beantworten, brauchen wir nur einmal die Hauptverlustquellen mit der Hand anzufassen. Der Akku fühlt sich nach der Entladung sehr warm, der Motor wahrscheinlich sogar richtiggehend heiß an. Der Propeller wird sich dieser vereinfachten Testmethode zwar nicht zugänglich zeigen, wir haben aber ein Recht anzunehmen, dass auch er sich ganz nebenbei noch in der Rolle des Heizlüfters gefiel.

Über diesen Erkenntnissen sollten wir nicht einfach zur Tagesordnung übergehen: Akku, Motor und Propeller neigen dazu, wertvolle, unwiederbringliche Energie zu verschwenden. Wir werden sie streng im Auge behalten müssen. Dazu wird es unumgänglich sein, sie vorher etwas näher kennenzulernen.

4. Der Akku – Energiebündel mit Gewichtsproblemen

Gäbe es bessere Akkus, müssten wir nicht mehr in stinkenden Benzinkutschen durch unsere Innenstädte kriechen. Keine Frage, die Schwäche des Energiespeichers ist die eigentliche Crux aller netzunabhängig operierenden elektrischen Antriebssysteme. Und dieses Problem lässt sich auch nicht „klein-rechnen"!

Ein moderner Nickel-Cadmium-Akku, wie er heute bei Elektroflugmodellen über-wiegend zum Einsatz gelangt, bringt es heute bestenfalls auf eine Energiedichte von ca. 55 Wattstunden pro Kilogramm (Wh/kg) Akkumasse. Auch die Nickel-Wasserstoff-Technologie, wie sie sich in Form des NiMH-Akkus gerne im grünen Mäntelchen des Umweltfreundes präsentiert, kann gerade mal mit 70 bis 80 Wh/kg renommieren. Ihre Verwendbarkeit bei Elektroflug ist nicht mehr auf Spezialanwendungen beschränkt. Große Erwartungen knüpfen sich auch an die sich derzeit stürmisch entwickelnde Lithium-Technologie, die, wenn auch nur unter optimalen Bedingungen, schon mit 150 Wh/kg glänzt. Doch hier sind ein-schränkende Warnungen angebracht. Die Handhabung der Lithium-Akkus ist bis heute weder alltagsgerecht einfach noch (in Anbetracht möglicher Fehlbe-handlungen) gänzlich harmlos.

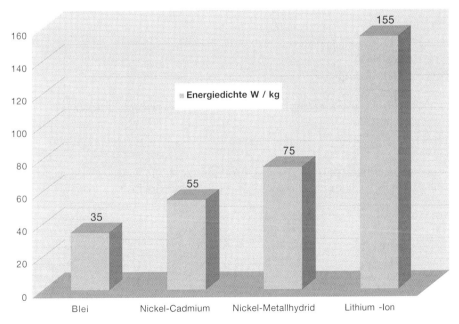

Abb. 4. a
Energiedichte verschiedener Akkutypen

Vergleiche mit flüssigen Modellkraftstoffen lassen aber selbst modernste elektrochemische Energieträger immer noch geradezu erbärmlich erscheinen, pflegen sie sich doch mit Werten von 5000 Wh/kg und darüber in völlig anderen Sphären zu bewegen. Allerdings spielt sich der Energiewandlungsprozess bei Modellverbrennungsmotoren, hierzu zählen sowohl Kolbentriebwerke wie auch Strahlturbinen, im Bereich einstelliger Gesamtwirkungsgrade (vgl. Abschnitt 3) ab.

Im Übrigen sollten wir uns beim Thema Energiedichte nicht allzusehr festbeißen, denn sie berührt nur einen Teil der beim Elektroflug zu lösenden Probleme. Mindestens genauso interessant ist nämlich die Frage, ob der Akku die in ihm gespeicherte Energie auch in der gewünschten kurzen Zeit abgeben kann, ohne dass seine Chemie sich dabei quasi selbst im Wege steht. Zu klären wird schließlich auch sein, wie man diese elektrochemischen Schwerarbeiter ernähren (sprich laden) muss, um sie bei Kraft, Laune und lange am Leben zu erhalten.

4.1   Aus der Akkuseele geplaudert

Das Innenleben einer NiCd-Zelle (wie auch der mit ihr eng verwandten NiMH-Zelle) ist prinzipiell recht einfach: Innerhalb eines meist zylindrischen Stahlbechers, der nach außen hin den Minuspol der Stromquelle darstellt, befindet sich eine chemische Substanz, die durch das Zuführen von Strom in einen höheren Energiezustand versetzt wird. Es heißt, sie wird *aufgeladen*. Wenn die gesamte verfügbare Substanz auf diese Weise umgewandelt ist, bezeichnet man

Abb. 4.-1
NiMH-Hochkapazitätszellen von GP – geeignet für Empfängerversorgung und Saalflugantriebe

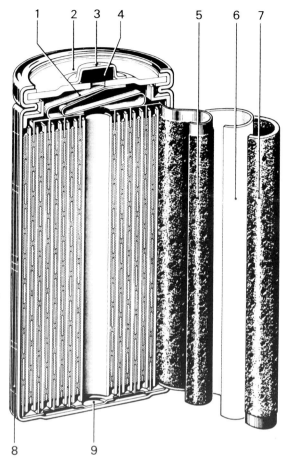

SCHNITTBILD
EINER ZELLE

1. Verbindung der positiven Platten
2. Deckel
3. Pluspol
4. Sicherheitsventil
5. Positive Elektrode
6. Scheider
7. Negative Elektrode
8. Vernickeltes Stahlgefäß
9. Verbindungen der negativen Platten

Abb. 4.1 a

Abb. 4.1-1
Mit Abstand meistverwendet, Zellen der Sub-C-Größe (ø 23 mm). Die Länge kann variieren

den Akku als voll(-geladen). Leider ist den Akkus nicht anzusehen, ob dieser „Sättigungszustand" bereits eingetreten ist. Es gibt dafür aber untrügliche Anzeichen, von denen später noch die Rede sein wird.

Die sogenannten Elektroden bestehen bei NiCd-Zellen aus sehr dünnen, perforierten Nickelblechen, auf welche die chemisch aktiven Substanzen aufgetragen sind. Dies kann auf verschiedene Weise erfolgen. Aufgesintert entsteht eine sehr innige Verbindung zwischen „Chemie" und Metallelektrode, die gleichzeitig als Stromableiter fungiert. In diesem Falle spricht man von so genannten *Sinterelektroden*. Wenn möglichst viel chemisch aktive Masse in der Zelle untergebracht werden soll, bedient man sich besser anderer Techniken. Schon länger gebräuchlich sind beispielsweise sogenannte *Masseelektroden* sowie in jüngerer Zeit auch *geschäumte* Elektroden, was zu einer besonders großen Reaktionsoberfläche beiträgt.

Allerdings kann nicht die gesamte zur Verfügung stehende Elektrodenoberfläche für die Energiespeicherung genutzt werden. Im Interesse der Alltagstauglichkeit baut man noch definierte „Knautschzonen", sogenannte Umpol- und Überladereserven ein, um die Zellen gegen die Folgen gelegentlich vorkommender Behandlungsfehler zu schützen. Allzu üppig sind diese bei modernen Hochleistungszellen allerdings nicht mehr bemessen.

Die beiden Elektroden sind spiralförmig aufgewickelt und durch eine so genannte Separatorfolie voneinander getrennt. Hierbei steht der Plus-Wickel nach oben etwas über, die Ränder der Minusfolie hingegen schauen unten ein wenig hervor. So ist es möglich, über eine Art Kontaktbleche die elektrische Verbindung zu den jeweiligen Zellenpolen (Deckel plus, Becher minus) herzustellen.

Abb. 4.1-2
Aufgeschnittene Sanyo-Zellen. Erkennbar die Lochbleche, welche den Strom von der nach oben überstehenden Plus-Elektrode abnehmen und mittels Ableiterstreifen zum Pluspol weiterführen (rechts Ableiter noch intakt)

Abb. 4.2-1
Bei gleich bleibender Zellengröße steigende Kapazitätswerte machen das Fliegerleben leichter. Doch Vorsicht: Die Zellenmasse wuchs ein wenig (von 56 auf 60 g) und ... es ist nicht immer alles drin, was draufsteht!

Abb. 4.2-2
Kapazitäten unter sich. NiMH-Zellen von Panasonic und Sanyo mit 3000 mAh Kapazitätsangabe

Als Elektrolyt, jene elektrisch leitende Flüssigkeit, welche sich beim NiCd-Akku zwar aus allen chemischen Prozessen raushält, die jedoch den Stromtransport im Zelleninnern bewerkstelligt, dient Kalilauge. Letztere fühlt sich, falls sie mal unerwünschter Weise nach außen gelangt, sehr „seifig" an und darf auf keinen Fall mit den Augen in Berührung kommen. Austreten kann Lauge, wenn der Innendruck der Zelle so weit ansteigt, dass sich das am Pluspol befindliche Sicherheitsventil kurzzeitig öffnet (bei 10 bis 14 bar). Qualitativ hochwertige Sicherheitsventile bestehen aus Metallfeder und Verschlussplatte und machen, nachdem sie in Aktion getreten sind, wieder ordentlich dicht. Etwas einfacher geht es mit einem Gummistopfen, dessen Elastizität dem Überdruck den Auslass freigibt. Allerdings stehen diese im Verdacht, nach einmaligem Ansprechen nicht unbedingt wieder dicht zu schließen. Es besteht so die Gefahr, dass die Zelle austrocknet. Bei sehr kleinen Zellen (wie auch bei manchen „Sonderangeboten") arbeitet das Sicherheitsventil nach dem Ex-und-hopp-Prinzip. Dabei durchstößt eine Nadel eine Membrane, damit die Zelle nicht explodiert. Danach ist allerdings der Zellentod durch Austrocknen (mit einer gewissen Verzögerung) vorprogrammiert.

4.2   Kapazität – wichtig, jedoch nicht alles

Die maßgebende Kenngröße eines Akkus ist seine Kapazität. Sie gibt Auskunft darüber, wie viel Ladung gespeichert werden kann. Ausgedrückt wird dies in Amperestunden (Ah). Bei kleineren Akkus erfolgt die Angabe meist in der Untereinheit Milliampere (mAh).

Ein Akku mit 3 Ah kann 1 Stunde lang 3 A abgeben oder aber 3 Stunden lang 1 A.

Abhängig ist die Kapazität in erster Linie vom zur Verfügung stehenden Zellenvolumen. Viel hilft viel, hier jedenfalls. Dabei spielt auch die Raumausnutzung eine Rolle. In den letzten Jahren kamen neue Zellentypen auf den Markt, die bei gleicher Bechergröße mehr Kapazität aufweisen, dabei aber auch schwerer sind; ein sicheres Indiz dafür, dass es gelang, mehr aktive Substanz hineinzubekommen. Einfluss haben aber auch Gestaltung und Aufbau der Elektroden. Wie schon angedeutet, erreichen Zellen mit gepressten oder geschäumten Elektroden spezifisch mehr Kapazität als jene in reiner Sintertechnik, auf Kosten der Lebenserwartung und anderer Qualitäten.

Die im Modellflug gängigen Akkugrößen umfassen den Kapazitätsbereich von 50 bis etwa 7000 mAh. Der Bereich unterhalb von 500 mAh war bislang meist dem Zweck der Empfängerstromversorgung vorbehalten, findet neuerlich aber bei Saalflugmodellen zunehmend für Antriebszwecke Verwendung. Der klassische Antriebsakku bewegt sich im Bereich von 500 bis 3000 mAh. Die darüber liegenden Größen bleiben Spezialanwendungen vorbehalten. Im Allgemeinen ist die Kapazitätsangabe auf dem Zellenlabel aufgedruckt.

4.3   Die C-Rate – nur einfach praktisch

Es macht schon einen Unterschied, ob man einen Sack Kartoffeln auf dem Rücksitz eines Motorrollers oder auf der Ladefläche eines Lastwagens transportiert. Im einen Fall wird das Fahrzeug tief in die Federn eintauchen und in seinem

Fahrverhalten möglicherweise gravierend beeinträchtigt sein. Im anderen Fall nimmt man die zusätzliche Last überhaupt nicht wahr. Ähnlich verhält es sich mit der Belastungsfähigkeit von Akkus. Sie muss unmittelbar im Zusammenhang mit der Zellengröße und damit der Kapazität gesehen werden. Als Maßeinheit für den größenspezifischen Stromwert, der von einer Akkuzelle aufgenommen (Ladung) oder abgegeben (Entladung) wird, definiert man mit **1 C**. Dies ist der Stromwert in Ampere, welcher der Kapazität des Akkus in Amperestunden entspricht. Bei einem Akku mit der Kapazität 2 Ah spricht man bei einem (Ent-)Ladestrom von 2 A von 1 C (Ent-)Ladung. 8 A wären somit 4 C, 500 mA sind ¼ C. Alles klar?

4.4   Hier kommt Spannung auf

Die Spannung einer NiCd-Zelle wird üblicherweise mit 1,2 Volt angegeben. Diesen Wert bezeichnet man als Nennspannung. Er ist etwa so zu verstehen, dass diese Spannung im „Normalbetrieb" (von dem wir uns beim Elektroflug allerdings gelegentlich weit nach oben hin entfernen) an den Polen messbar ist.

Im Leerlauf, also ohne Strombelastung, liegt die Spannung bei mindestens 1,25 V (= Leerlaufspannung). Wenn die Zellenspannung im **unbelasteten Zustand unter 1,2 V** abgesunken ist, gilt der Akku als ungeladen („leer"). Bei stärkerer Belastung wie auch bei fortschreitender Entladung sinkt die

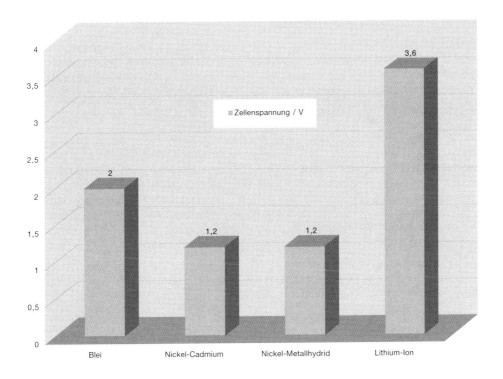

Abb. 4.4 a Zellenspannung

Zellenspannung immer mehr ab (Lastspannung). Beim Elektroflug gehen wir heute von einer mittleren Entladespannung von 1,1 Volt aus. Am Ende der Entladung erreicht die Zelle ihre Entladeschlussspannung, die bei NiCd-Batterien üblicherweise mit 0,8 V/Zelle beziffert wird.

Beim Laden steigt die Zellenspannung sofort über 1,3 Volt an und kann am Schluss der Ladung je nach Ladestrom Werte von 1,5 V und mehr erreichen. Werte jenseits 1,65 V indes gelten allerdings bereits als „ungesund" und sind deshalb nach Möglichkeit zu vermeiden. Doch keine Panik, moderne, intelligente Ladegeräte „wissen" das.

Da für die Vielzahl technischer Anwendungen die Spannung einer Zelle zu klein ist, schaltet man einfach mehrere davon in Reihe. Eine solche Anordnung nennt sich dann bekanntermaßen Batterie.

4.5   Innere Widerstände

Wie erwähnt, sinkt die Spannung an den Polen eines Akkus mit zunehmender Strombelastung ab. Schuld daran ist der Innenwiderstand (R_i), an dem jede Stromquelle mehr oder weniger ausgeprägt „leidet". An ihm geht ein Teil der Spannung verloren, noch ehe er überhaupt die Zelle verlässt. Der Innenwiderstand ist eine messbare, wenn auch ursächlich ziemlich komplexe Größe. Vorstellen kann man sich diesen elenden Spielverderber am besten als das Zusammenwirken aller den Stromfluss behindernden Komponenten in Elektrolyt, Elektroden und Ableitern.

Nach dem ohmschen Gesetz macht sich ein zu hoher Innenwiderstand vor allem dann unangenehm bemerkbar, wenn der Zelle ein hoher Strom entnommen werden soll. Die nutzbare Spannung geht dann „in die Knie", gleichzeitig erwärmt sich der Akku durch die intern „verbratene" Leistung.

$$\text{Verlustleistung: } (P_{verl}) = I^2 \times R_i$$

Die Antriebstechnik von Modellflugzeugen verlangt nach hoch belastbaren Stromquellen, also solchen mit niedrigem Innenwiderstand. Dieser ist zum einen der Zellengröße umgekehrt proportional. Doch auch der innere Aufbau der Zelle, wie z.B. die Form, Materialstärke und Beschichtungsart der Elektroden sowie auch die Art, Dicke und Anzahl der inneren Stromableiter (Verbindung zwischen aufgewickelten Elektroden zu den positiven und negativen Polen der Zelle), hat Einfluss auf den Innenwiderstand.

Es ist aus diesem Grunde nicht möglich, eine Hochlastzelle gleichzeitig mit höchsten Kapazitätswerten auszustatten. Für Wettbewerbseinsätze, bei denen es auf allerhöchsten Leistungsdurchsatz ankommt, sind deshalb nach wie vor Sanyo-Zellen mit Sinterelektroden erste Wahl.

Leider ist der Innenwiderstand keine konstante Größe. Er wächst mit zunehmender Entladung an, zuerst kaum merklich, am Schluss ganz rapide. Daher sollte man es vermeiden, die Akkus, wenn sie am Ende merklich nachlassen, weiter mit hohen Strömen zu „quälen". Dies führt lediglich zu einer starken Erwärmung, was die Lebenserwartung nachhaltig verringert. Auch darf nicht unerwähnt bleiben, dass die Herstellerangaben bei R_i meist nur den günstigen Fall einer impulsför-

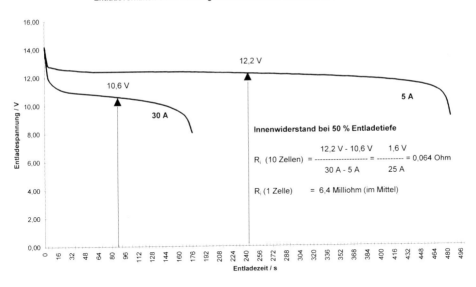

Abb. 4.5 a
Berechnung des Innenwiderstands einer Zelle (Entladung mit 5 A und 20 A)

migen Belastung widerspiegeln. Bei einer kontinuierlichen Stromentnahme, wie sie beim Elektroflug gegeben ist, steigt der Innenwiderstand durch den Effekt der Polarisation erfahrungsgemäß nochmals um ca. 20 Prozent an.

Zudem leistet sich der Innenwiderstand auch noch eine gewisse Temperaturabhängigkeit. Zu beachten ist der Anstieg bei Kälte, der im Winter zu Problemen führen kann. Während man bei Antriebsakkus wenigstens noch darauf hoffen darf, dass sie sich nach kurzer Zeit „warmgearbeitet" haben, kann der mit dem Widerstandsanstieg verbundene Spannungseinbruch bei Empfängerakkus – vornehmlich, wenn diese klein bemessen sind – zu unliebsamen Überraschungen führen.

4.6 Zellentyp – Akku ist nicht gleich Akku

Wer kann schon alles? Akkus auch nicht! Sie gleichen eher Zeitgenossen, die Höchstleistungen auf ihrem Spezialgebiet erbringen.

Zellen aus dem Baumarkt-Akkuschrauber oder „Sonderangebote" undefinierbarer Herkunft werden den Elektroflieger allenfalls sehr kurzzeitig beglücken können. Tabelle 4.6a gibt einen Überblick über bekannte und bewährte Zellentypen, ihre Daten und Belastungsfähigkeit.

Hersteller	Technologie	Zellentyp	Nennkapazität in mAh	Zellenmaße Durchmesser x Höhe in mm	Zellenmasse in g	Innenwiderstand in Milliohm	Theoretische Energiedichte in Wh / kg	Kurzbelastung max. 30 s in A	Dauerbelastung in A
Standardzellen.....									
Sanyo	NiCd	N-50AAA	50	10 x 16	4	55	16	2,5	1
Sanyo	NiCd	N-110AA	110	14 x 17	7	30	20	4	2
Sanyo	NiCd	N-120TA	120	8 x 43	6	34	25	5	1,5
Sanyo	NiCd	N-150N	150	12 x 29	9	27	21	6	2,5
Sanyo	NiCd	N-200AAA	200	11 x 45	10	21	25	8	3
Sanyo	NiCd	N-270AA	270	14 x 30	14	15	24	10	4
Hochkapazitätszellen									
Sanyo	NiCd	KR-600AE	600	17 x 28	18	10	42	12	8
Sanyo	NiMH	Twicell 700	700	10 x 45	13	40	67	7	4
Gold Peak	NiMH	70AAAHC	700	11 x 45	13	40	67	7	4
Sanyo	NiCd	KR-1100AEL	1100	17 x 43	28	9	49	20	10
Sanyo	NiCd	KR-1400AE	1400	17 x 50	31	10	56	18	9
Sanyo	NiMH	Twicell 1600	1600	14 x 50	27	15	74	18	9
Gold Peak	NiMH	1800AAHC	1800	15 x 50	27	22	83	8	4
Sanyo	NiCd	KR-1700AE	1700	17 x 67	42	7	51	25	12
Panasonic	NiMH	NMH-2000	2000	23 x 34	42	7	60	30	20
Panasonic	NiMH	NMH-3000	3000	23 x 43	55	6	68	40	30
Gold Peak	NiMH	GP-300SCH	3000	24 x 43	61	4	61	45	30
Gold Peak	NiMH	GT-3000R**	3000	24 x 43	61	4	61	45	30
Saft	NiMH	VH 3000	3000	24 x 43	55	7	68	35	25
Sanyo	NiMH	RC-3000H	3000	23 x 43	60	5	63	40	30
Hochstromzellen									
Sanyo	NiCd	N-500AR	500	17 x 28	19	9	33	25	15
Sanyo	NiCd	N-1000SCR	1000	23 x 34	41	4,5	30	60	35
Sanyo	NiCd	N-1250SCRL	1250	23 x 34	43	5	36	50	35
Sanyo	NiCd	CP-1300	1300	23 x 27	35	6,5	46	40	25
Sanyo	NiCd	RC-1700	1700	23 x 43	56	4	38	70	40
Sanyo	NiCd	CP-1700	1700	23 x 34	45	5,5	47	60	35
Sanyo	NiCd	RC-2400	2400	23 x 43	60	4,5	50	70	40
Sanyo	NiCd	N-3000SCR	3000	26 x 50	84	3,4	45	90	50
Sanyo	NiMH	RC-3000H**V**	3000	23 x 43	60	4	63	50	40

** POWERS GT 3000R basierend auf GP-300SCH

Abb. 4.6 a Zellentypen (Tabelle)

Abb. 4.6-1
Panasonic-NiMH-Zellen
des Sub-C-Kalibers in
unterschiedlichen
Längen und Kapazitäten.
Bei der kleineren Zelle
(4/5 Sub C) ist allerdings
nicht nur die Kapazität
kleiner; es steigt auch
der Innenwiderstand

4.7   Gute Verbindungen – damit mehr dabei herauskommt

Die Spannung einer Einzelzelle reicht notfalls zum Betrieb eines Rasierapparats. Beim Elektroflug braucht es mehr. Batterien von (5) 6 bis maximal 32 in Reihe geschalteten Zellen sind üblich. Die Verbindung zwischen den Einzelzellen haben eine doppelte Funktion: Zum einen sollen sie dem Zellenverbund mechanische Stabilität verleihen, zum anderen aber, und dies interessiert hier besonders, eine möglichst verlustarme, d.h. niederohmige elektrische Verbindung gewährleisten.

Die Zellen können dabei entweder nebeneinander (parallel mit wechselnder Polarität) oder, besser (!!), hintereinander (Inline) angeordnet werden. Die Verbindung selbst entsteht entweder (herstellerseitig) maschinell durch punktuelles Verschweißen oder nachträglich (meist vom Anwender) durch Verlöten. Letzteres ist eindeutig die bessere Methode, da sie großflächige elektrische Kontakte schafft. Voraussetzung für den Erfolg ist allerdings die richtige Löttechnik, denn die Zellen dürfen sich, vor allem am Pluspol, nicht zu stark erwärmen.

Grundsätzlich sollte schnell, d.h. mit sehr heißer und hinreichend großer Lötspitze gearbeitet werden. Am einfachsten gelingt das Verlöten von Batterien mit nebeneinanderliegenden Zellen. Als Verbinder eignen sich 6 bis 8 mm breite Kupferblechstreifen von 0,4 bis 0,6 mm Dicke oder entsprechend breite Kupferbänder.

Grundregel: Die Zellen dürfen sich im Innern nicht zu stark erwärmen!

Daher ist es wichtig, die Einwirkdauer der Lötwärme auf das unabdingbare Maß zu beschränken. Dies gelingt am einfachsten dadurch, dass der Lötvorgang gut vorbereitet wird.

1. Gesamte Lötstelle mit feinem Schleifpapier gründlich säubern.
2. Säurefreies Lötfett oder Kolophonium (Flussmittel) auftragen.
3. Lötstelle vorverzinnen.
4. Zelle beiseite stellen und abkühlen lassen.

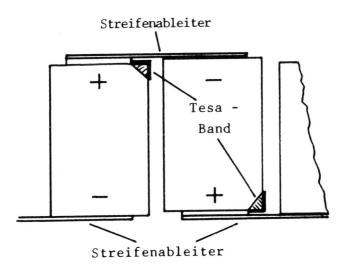

Abb. 4.7 a

5. Kupferstreifen bzw. -litzen zurechtschneiden und gleichfalls vorverzinnen.

6. Zu verlötende Streifen passgenau auf die Zellenverbinder legen und mit einem Holzstab fixieren.

7. Reichlich Zinn auf die Lötspitze nehmen und schnell verlöten.

Für Lötarbeiten an NiCd-Zellen sind Lötkolben mit 75 bis 100 W Leistung am besten geeignet. Wichtig ist, dass der Kolben bei Beginn der Arbeiten gut vorgeheizt ist.

Wenn die zu verlötenden Zellen noch mit angeschweißten Ableiterstreifen versehen sind, müssen diese vorher entfernt werden. Dazu Streifen mit einer Spitzzange packen und dann durch ganz vorsichtiges Aufrollen abreißen. Danach Schweißpunkte glattschleifen und auch jetzt darauf achten, dass die Polkappen dabei nicht zu heiß werden.

Für das Inline-Verlöten werden eine sogenannte Hammerlötspitze und eine V-förmige Führungsschiene, am besten mit Klemmhalterung (siehe Abbildung), benötigt. Sie ist im gut sortierten Fachhandel erhältlich (siehe Lieferantennachweis). Die Vorbereitungen entsprechen den eben genannten.

Und so wird's gemacht:

- Heiße Hammerlötspitze ca. eine Sekunde lang fest zwischen die zu verbindenden Zellenenden klemmen
- danach schnell herausziehen
- Zellenpole zügig zusammendrücken

Lötzinn sollte übrigens dabei sparsam verwendet werden. Überschüssiges Lötmittel verflüchtigt sich nämlich gerne in Form kleiner Kügelchen, welche die Gefahr von Kurzschlüssen bergen. Wenn's dennoch passiert, Zinnkügelchen auf keinen Fall mit Messer oder Nadel, sondern mittels dünnem Holzspan entfernen.

Auseinanderlöten lassen sich so innig verbundene Zellen leider nicht mehr. Doch es gibt einen Trick, der (meistens) funktioniert: Batterie über Nacht ins Tiefgefrierfach legen, wenn möglich auf „Schockfrosten" schalten. Danach (gefühlvoll, aber beherzt) die einzelnen Zellen über einer Tischkante abbrechen.

Abb. 4.7-1
Vierzellige Akkus parallel und inline verlötet. Rechts daneben Kupferbrücken

4.8   Ladetechnik – wie man isst, so ist man

Akkus sind so genannte Sekundärelemente. Sie müssen erst mal geladen werden, ehe sie selbst Energie liefern.

Laden bedeutet aber nicht einfach ein Befüllen mit Strom, sondern systematisches Konditionieren, denn der Ladevorgang beeinflusst sowohl das spätere Entladeverhalten wie überhaupt die sich entwickelnde „Fitness" des Akkus. Falsches Laden mindert die Leistungsfähigkeit oder verkürzt die Lebensdauer. Zuweilen „glückt" beides in Tateinheit.

Die nachfolgenden Definitionen beziehen sich nur auf NiCd- bzw. NiMH-Zellen. Lithium-Akkus bewegen sich ladetechnisch in anderen Sphären und bedürfen daher einer gesonderten Erörterung.

Zuerst allerdings sollten wir versuchen, die beinahe wildwuchsartige Begriffsvielfalt, welche im Zusammenhang mit dem Laden von Akkus entstanden ist, etwas transparent zu machen:

- **Normalladung**
  Ladestrom 0,1 C; oft auf dem Zellenetikett mit Empfehlungscharakter verewigt. Aufgrund von Ladeverlusten (Wirkungsgrad der Energiewandlung auch hier < 1) dauert es allerdings 14 bis 16 h, ehe der Akku „randvoll" ist. Die Normalladung braucht zeitlich nicht genau begrenzt zu werden. Dauerladen allerdings schwächt den „Biss" des Akkus (Begründung siehe 4.9).

- **Beschleunigte Ladung**
  Ladestrom 0,3 bis 0,5 C. Hiermit ist es möglich, einen Akku in 3 bis 5 h voll zu laden. Auch die beschleunigte Ladung verursacht bei Überschreitung der benötigten Ladezeit keine irreversiblen Schäden an den Zellen. Auch hier allerdings gilt: Allzu viel ist ungesund.

Ladespannungsverlauf einer NiCd-Zelle bei Schnellladung

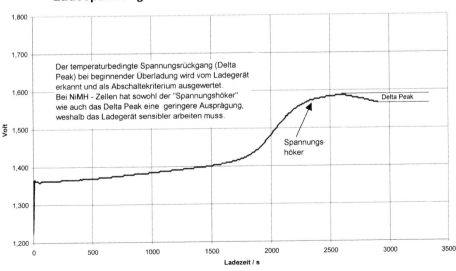

Abb. 4.8 a   Delta_U   Delta Peak 1 Zelle

- **Schnellladung**

  Ladestrom 1 bis 4 (6) C. Je nach Zellentyp in 15 Minuten bis 1 Stunde möglich. Sinterzellen „verkraften" die höchsten Ladeströme, denn letztlich hängt auch deren zulässige Höhe vom Innenwiderstand des Akkus ab. Bei Schnellladung ist es unumgänglich, den Ladezustand ständig zu überwachen, weil bei der rasanten Energiezufuhr nur sehr kurzzeitig überladen werden darf.

- **(Im)Pulsladung**

  Hierbei fließt der Ladestrom nicht kontinuierlich, sondern pulsförmig. Dies kann das Langzeitverhalten von Akkus günstig beeinflussen (Begründung siehe 4.9). Die Ladegeschwindigkeit kann dabei sowohl durch die Höhe der Strompulse wie auch durch das Puls/Pausenverhältnis gesteuert werden.

- **Reflexladung**

  Intermittierende Form der Ladung, wobei der Ladestrom etwa im Sekundenrhythmus durch ca. 3 bis 10 ms kurze Entladepulse unterbrochen wird. Die Entladepulse sollen die 3- bis 5fache Höhe des Ladestroms aufweisen. Die Methode erweist sich nur bei höheren Laderaten als effektiv (siehe auch „Formierungsladung").

- **Erhaltungsladung**

  Beseitigt den Ladungsverlust durch Selbstentladung. Theoretisch (!) würde hier eine Laderate von < 0,05 C vollauf genügen. Derart kleine Ladeströme führen aber zu einer allmählichen Deaktivierung der Zellenelektroden, was sich bei der anschließenden Entladung nachteilig auswirkt. Besser bewähren sich kurze Strompulse höherer Intensität (ca. 1 s/1 C, dann 1 min Pause).

- **Formierungsladung**

  Mehrere aufeinanderfolgende Lade-Entladezyklen, um einen neuen bzw. längere Zeit gelagerten Akku „fit" zu machen. Meist wird hierbei mit Laderaten < 1 C geladen. Die hierzu nötige Zyklenzahl kann durch Reflexladung u.U. verringert werden.

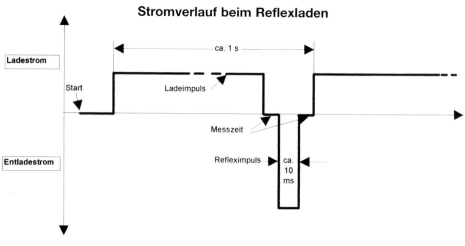

Stromverlauf beim Reflexladen

Abb. 4.8 b

60

4.8.1 Laden in der Flugpraxis

Wer mit einem Elektromodell einen Flugplatz aufsucht, weiß zu schätzen, sich nicht mit startunwilligen Motoren und umständlichen Betankungsprozeduren abmühen zu müssen. Am schnellsten in die Luft kommt, wer einen bereits geladenen Akku von zu Hause mitbringt. Plug and Play sozusagen. Für harmlose Sonntagsflugeinsätze ist dies auch ganz in Ordnung.

Leistungsbewussten Elektrofliegern wird empfohlen, die 15 bis 30 Minuten Zeitaufwand, welche Hochstromzellen benötigen, um unmittelbar vor dem

Abb. 4.8.1-1
Laden aus Kfz-Batterie. Der mc-ULTRA CONTEST-Lader von Graupner hat drei Ausgänge und kann bis zu 30 (32) Zellen laden. Der maximale Ladestrom liegt bei 8 A. Beim Entladen von mehr als 13 Zellen erfolgt eine Energierückspeisung in die Starterbatterie

Flugeinsatz durch Schnellladung „motiviert" zu werden, unter der Rubrik „Vorfreude" zu verbuchen. Akkus lohnen diese kurze Zeit intensiver „Zuwendung" durch eine spürbar bessere Spannungslage. Diese, wie übrigens auch die entnehmbare Kapazität, sind nämlich auch eine Frage der Zeitdauer, die zwischen Ladeende und Einsatz verstreicht. Unmittelbar nach dem Abklemmen ist die Ausbeute von beidem maximal.

Dennoch schadet es nicht, den Zellen nach der üppigen Völlerei, die moderne Schnellladegeräte mit ihnen veranstalten, eine kurze „Siesta" zu gönnen, um den mit der Volllladung verbundenen Temperaturanstieg zumindest teilweise abzubauen. 10 Minuten Ruhezeit gelten als Kompromissangebot, mit dem sich auch der Elektroflugpraktiker gut anfreunden können müsste. Besteht die Möglichkeit, mit einem Kühlgebläse etwas nachzuhelfen, genügen auch 5 Minuten für ein effektives „Intercooling".

Etwas zeitaufwändiger ist das Schnellladen bei Hochkapazitäts- (oder NiMH-) Zellen, die meist 40 bis 60 Minuten (oder länger) laden müssen. Für den Fall, dass diese Akkus schon die Nacht zuvor am Ladegerät verbracht haben, spricht nichts dagegen, ihnen unmittelbar vor dem Flug zwecks Auffrischung nochmals ein kurzes „Schnellladehäppchen" zu genehmigen. 2 bis 4 Minuten Nachladen mit ca. 2 C dürften hierbei genügen.

Nach dem Einsatz sollte man seinen Akkus die verdiente Pause gönnen, solange jedenfalls, bis sie auf Handwärme (ca. 30 Grad) abgekühlt sind. Wer nun gleich wieder neu lädt, die Speicherfähigkeit des Akkus also mehrmals täglich ausnutzt, muss sich bei den nun folgenden Ladezyklen eventuell mit einem leicht reduzierten Fassungsvermögen abfinden.

Vorsicht ist geboten, wenn die Temperaturen fallen. Unterhalb 10 °C Zellentemperatur darf infolge des dann ansteigenden Innenwiderstands nicht mehr schnellgeladen werden, zumal der eigentliche Ladevorgang endotherm ist, die Zelle also noch zusätzlich abkühlt.

Nicht empfehlenswert ist es auch, parallel geschaltete Akkus schnellzuladen, da ein gleichmäßiges „Befüllen" dabei nicht gewährleistet ist. Beim Entladen ist Parallelschalten von Batterien **mit gleicher Zellenzahl** indes ohne weiteres möglich. Hier kann man sogar Akkus unterschiedlicher Kapazität „zusammenspannen".

4.9   Akkupflege – ein Gesundheitsprogramm

Um es gleich vorweg zu sagen: Der wirklich wartungsfreie Akku existiert nur in den Textbausteinen moderner Werbestrategen! Gleichwohl ist unumstritten, und dies mag uns wieder versöhnlich stimmen, dass NiCd- wie auch NiMH-Zellen absolut zu den robusten und pflegeleichten Vertretern der Spezies Akku zählen.

Akkupflege meint, darauf sollte man sich vorab einigen, die richtige Handhabung sowohl während der Nutzung als auch bei Nichtgebrauch.

Im Grunde genommen sind es nur wenige markante „Charaktereigenschaften", derentwegen die hier zur Diskussion stehenden Akkutypen doch nicht einfach bei Nichtgebrauch in „die Ecke" gestellt werden sollten. Hier wäre zum Ersten die besonders bei den NiCd-Sinterzellen wie auch bei NiMH-Speicher ausgeprägte *Selbstentladung* zu nennen. Wie der Name schon sagt, fließt hier im Innern der Zelle ein mehr oder weniger großer Entladestrom, der dafür sorgt, dass ein Akku auch ohne angeschlossenen Verbraucher seine Ladung im Laufe der Zeit verliert. Dies lässt sich bildlich mit einem nicht ganz dicht verschlossenen Benzintank vergleichen, bei dem Kraftstoff durch Ausgasen entweicht.

Abhängig ist die Geschwindigkeit, mit der Ladung verlorengeht, zum einen vom Ladezustand (anfangs schnell), zum anderen von der Temperatur (Wärme beschleunigt) und auch vom Alter (ach ja!) der Zellen. Führender „Verlustmacher" ist die NiMH-Technologie.

Zu allem Überfluss, und hier liegt das eigentliche Problem, „verdunstet" die Ladung aufgrund meist vorhandener Exemplarstreuungen aus den einzelnen Zellen einer Batterie unterschiedlich schnell. So kommt es, dass der Ladezustand einer einstmals vollgeladenen Batterie bereits nach Tagen oder wenigen Wochen von Zelle zu Zelle erheblich differieren kann (siehe Abb. 4.9 a; A→B).

Wird die Batterie anschließend durch einen äußeren Verbraucher weiter entladen (B→C), so ist die Zelle mit der stärksten Selbstentladung zwangsläufig vor den anderen „leer" (3 C). Da jedoch die übrigen Zellen noch bei Kräften sind, geht die Entladung weiter (auf Einzelschicksale kann wie immer keine Rücksicht genommen werden). Somit kommt es bei der zuerst entleerten Zelle zu einer so genannten *Umpolung*, denn sie wird nun vom weiterfließenden Entladestrom der restlichen Zellen in verkehrter Richtung geladen.

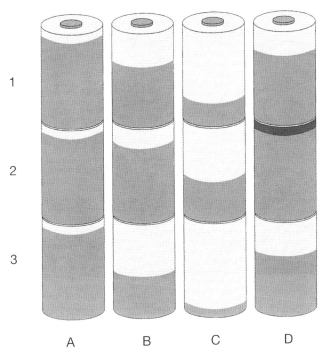

Abb. 4.9 a
Folgen unterschiedlicher Selbstentladung einer Batterie; A: alle Zellen voll. B: Zelle 3 hat größte Selbstentladung. C: Bei weiterer Entladung ist Zelle 3 gleich leer. Es droht Tiefentladung (Umpolung). D: Wird nun geladen, so droht Zelle 2 Überladung

Dieses Laden mit falscher Polarität ist so ziemlich das einzige Opfer, welches wir NiCd- (wie übrigens auch NiMH-) Akkus in jedem Fall ersparen sollten!! Zwar geben die Hersteller den Zellen – in vermutlich weiser Voraussicht auf die Wechselfälle des Akkulebens – eine so genannte Umpolreserve mit auf den Weg. Diese ist aber bei den hier zur Debatte stehenden Akkutypen im Interesse einer hohen Energiedichte bisweilen knapp bemessen und vermag deshalb nur leichtere Umpolsünden vergessen zu machen.

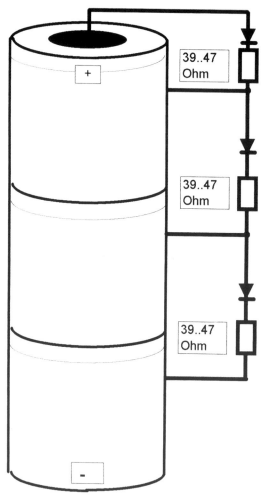

Abb. 4.9 b
Entladewiderstände mit in Reihe geschalteter Si-Diode (z.B 1N4148). Hierbei werden die Zellen nur bis 0,5 bis 0,6 V entladen

Abb. 4.9-1
„Nackte" Zellen mit angelöteten Entladewiderständen. Da bei der gezeigten Anordnung der Pluspol der Zelle n jeweils mit dem Minuspol der Zelle n-1 verlötet ist, können die Widerstände (außer bei Zelle 1) einfach an die Zellenbecher gelötet werden

Etwas günstiger steht die Prognose, wenn wir uns entschließen, eine durch langes Lagern in die innere Schieflage geratene Batterie erst mal wieder vollzuladen (B→D). Hierbei nun bekommt die Zelle mit der geringsten Selbstentladung (2) ein kleines Problem, denn sie wird beim Aufladen als erste am oberen „Anschlag" sein. Solidarisch, wie Zellen in einem Batterieverbund nun mal sein sollten, wird sie, obgleich bereits voll, weiter Ladestrom „vertilgen", bis auch die bislang letzte Zelle im Batterieverbund vollständig gesättigt ist. Es kommt also zur Überladung einzelner Zellen. Glücklicherweise sind NiCd-Akkus diesbezüglich mit respektablen Nehmerqualitäten ausgestattet und werden bei zeitlich begrenzter Überladung mit kleinen C-Raten keine dauerhaften Schäden erleiden. Wenn also der Verdacht besteht, die einzelnen Zellen einer Batterie könnten unterschiedliche Ladungszustände aufweisen, sollte man sie immer erst mit kleinem Strom (< 0,5 C) volladen, um den Ladezustand der Einzelzellen anzugleichen.

Noch besser ist es, NiCd- und NiMH*-Batterien nur in **entladenem Zustand zu lagern**. Empfohlen wird, sie unmittelbar nach einer unvollständigen Entladung (am besten, solange sie sich noch warm anfühlen) mit begrenztem Strom (unterhalb von 1 V/Zelle weniger als 1 C) auf 0,7 bis 0,9 V/Zelle zu entleeren. Letztgenannte Restspannungswerte stellen nichts anderes als einen Kompromiss dar. Es wird davon ausgegangen, dass bei dieser Entladung noch keine der (fast immer in der Kapazität etwas ungleichen) Batteriezellen in den Bereich der Umpolung gerät.

Wer ganz sicher gehen will, dem bleibt nichts anderes übrig, als die Zellen einzeln zu entladen. Dies lässt sich auch im Batterieverbund bewerkstelligen, vorausgesetzt, man hat es nicht allzu eilig damit: Dazu lötet man über jede einzelne Zelle einen Widerstand von 39 bis 100 Ω. Dieser entlädt die Zellen dann (allerdings ständig) mit einem Strom von 10 bis 35 mA, was einer künstlich beschleunigten, aber homogenen Selbstentladung gleichkommt. In der 10-minütlichen Pause zwischen Ladeende und Einsatz im Modell gehen somit bei einer 1,7-Ah-Zelle 0,1 bis 0,4 Prozent der Ladung verloren, was ganz sicher noch nicht ins Gewicht fällt. Die nach dem Flugeinsatz verbleibende Restladung, von sagen wir 0,1 Ah, ist dann allerdings über Nacht abgebaut, und alle Zellen werden somit auf einen definierten Ausgangszustand „rückgesetzt".

Diese bei RC-Car-Fahrern schon lange praktizierte Methode hat beim Elektroflug außerhalb der Wettbewerbsszene allerdings bislang erst wenige Anhänger gefunden. Abgesehen vom Aufwand, alle (bis zu 32) Zellen einer Antriebsbatterie mit Widerständen versehen zu müssen, haftet dieser Methode ein weiterer Schönheitsfehler an: Handelsübliche Elektroflug-Ladegeräte, welche vor Ladebeginn prüfen, ob der zu ladende Akku mit richtiger Polarität angeschlossen wurde, verweigern bei einer komplett „leeren" Batterie erst mal jeden Service, denn sie benötigen nämlich zum Prüfen eine irgendwie verwertbare Restspannung. Die Batteriepacks müssen daher, um als „ladungswürdige Objekte" anerkannt zu werden, vorher über ein Widerstandskabel oder eine Autobirne etwas „angeladen" werden, was im Elektrofliegeralltag doch eher als lästig empfunden wird. Besser ist es daher, diesen Widerständen noch eine kleine Si-Diode in Reihe zu schalten, wodurch die einzelne Zelle dann 0,5 bis 0,6 V Restspannung behält. Noch aufwändiger sind Lösungen, bei denen diese Entladewiderstände nicht fest mit den Zellen verbunden sind. Die technischen Lösungen hierzu sind jedoch, vornehmlich bei zellenreichen Akkupacks, eher von komplizierter Machart.

* NiMH zum Lagern etwas „anladen".

Gleichwohl hat ein solcherart „Reinen-Tisch-Machen" einen durchaus willkommenen Nebeneffekt: Er löscht das unerwünschte „Gedächtnis" der Zellen oder lässt es erst gar nicht entstehen. Die Rede ist von jenem übel beleumundeten, ja geradezu ominösen *Memory-Effekt*. Er entsteht immer dann, wenn NiCd-Zellen nie oder viel zu selten ganz leer gemacht werden. In diesem Falle (man kann sich das bildlich so vorstellen) „verklumpt" das auf der negativen Elektrode locker aufgebrachte Kadmium, bildet Großkristalle, welche dann chemisch nicht mehr den gewünschten Grad an Reaktionsfähigkeit aufweisen. Der Akku scheint dann „müde" zu werden, obwohl in ihm durchaus noch weitere Ladung gespeichert ist.

Der Memory-Effekt äußert sich also in einem Ansteigen des Innenwiderstands, der ein „Leersein" vorgaukelt. Seine Ausbildung wird übrigens durch falsche Lademethoden begünstigt. Daher sollte man es tunlichst unterlassen, den Akku durch langdauerndes Laden (< 0,1 C) mit reinem Gleichstrom „einzulullen". Wird ein Akku hingegen mit Pulsstrom geladen, kann sich das schädliche Kristallwachstum im Inneren nicht ungehemmt entfalten. Insbesondere die Reflexladung steht in dem Ruf, den „Memory-Bazillus" wirksam zu bekämpfen.

Man sieht, die richtige Ladetechnik beeinflusst nicht nur das unmittelbar darauf folgende Entladeverhalten, sondern ist auch Teil einer akkutechnischen Gesundheitsvorsorge. Sogenannte Pflegeprogramme, welche die Akkus zum Zwecke der „Gehirnwäsche" zwischendurch immer wieder definiert entladen, gehören deshalb zum Standard moderner Ladegeräte-Technologie.

Im Extremfall können die Kadmium-Kristalle übrigens so groß werden, dass sie die Separatorfolie zwischen den Elektroden durchstoßen und einen inneren Kurzschluss hervorrufen. Derartige „Infarktzellen" weisen eine Spannung von 0 V auf, behindern aber den Stromfluss nicht. Wenn überhaupt, hilft dann nur noch die Schocktherapie: Zelle mehrmals für Sekundenbruchteile mit Stromstoß > 50 A (aus intakter NiCd-Batterie oder schaltfestem Kondensator > 5000 µF) laden. Mit etwas Glück brennt dabei der innere Kurzschluss durch. Darauf Zelle mit einem Widerstand von 30 bis 100 Ω bis auf null Volt entladen.

Aufgrund des fehlenden Kadmiums ist NiMH-Zellen ein derartiges „Elefantengedächtnis" fremd. Auch die Lithiumtechnologie ist damit nicht behaftet. Sie kennt auch, das nur nebenbei, keine nennenswerte Selbstentladung.

4.10 Hilfreiche Technik – nur einfach „Ladegerät" wäre zu wenig

Das Laden der Akkus spielt sich beim Elektroflug auf zwei Ebenen ab:

* Stationär: Laden vom 230-V-Netz
* Mobil: Laden aus der 12-V-Autobatterie o.ä. Energiespeichern

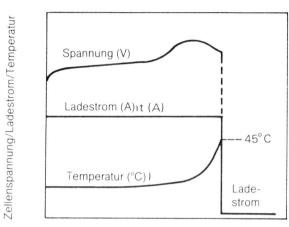

Lade-Charakteristiken b. Schnell-Laden (Spannung, Strom, Temperatur)

Abb. 4.10 a

4.10.1 Stationäre Ladegeräte

Beim stationären Netzladegerät kommt die Energie aus dem 230-V-Wechselspannungsnetz und wird über einen Trafo auf den benötigten Spannungswert herabgesetzt. Gleichzeitig bewerkstelligt man auf diese Weise die aus Sicherheitsgründen erforderliche galvanische Netztrennung. Die so zur Verfügung gestellte Spannung reicht allerdings gewöhnlich nur aus, um Akkus von max. 12 bis 16 Zellen „am Stück" zu laden. Größere Packs müssen aufgeteilt werden.

Auch ist die von den meisten handelsüblichen Netzladern zur Verfügung gestellte Stromstärke auf Werte von 1 bis 3 A (oft weniger) begrenzt, sodass von „Schnellladen" hier nur mit Einschränkung die Rede sein kann. Gleiches gilt für zahlreich angebotene Entladefunktionen, meist im Rahmen von so genannten Mess- und Pflegeprogrammen. Die Entladestromstärken bewegen sich gewöhnlich in denselben Größenordnungen, sodass Testentladungen mit antriebstypischen Stromstärken zumeist unter „Wünschenswertes" abzulegen sind. Dies hängt einfach damit zusammen, dass die beim Entladen auftretenden Verlustleistungen an Hochlastwiderständen oder Leistungshalbleitern verbraten werden. Mehr als 10 bis 20 Watt sind da meist nicht drin. Theoretisch wäre es zwar möglich, diese Energien wieder nutzbringend ins Netz zurückzuspeisen, doch würde der damit verbundene technische Aufwand die Geräte verteuern.

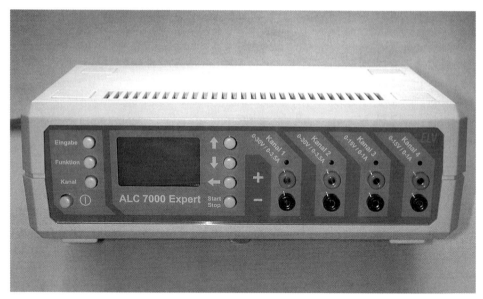

Abb. 4.10.1-1
Netzlader und zugleich Akkupflegestation von ELV

Am preisgünstigsten sind einfache Widerstands- oder Glühlampenlader, wie sie sich zum Befüllen von Sender- und Empfängerakkus in den Programmen praktisch aller gängigen Firmen finden. Möchte man damit auch Antriebsakkus aufladen, sollte vorher sichergestellt sein, ob

- eine ausreichende Ladespannung (> 1,5 V/Zelle) zur Verfügung steht
- ein Ladestrom von mindestens 0,1 C (besser 0,2 bis 0,3 C) entnehmbar ist
- die Ladespannung noch die typische 50- bzw. 100-Hz-Welligkeit aufweist.

Sinnvollerweise kombiniert man derartige Ladestromquellen mit einer einfachen Schaltuhr, um ein „Dauerkochen" (Memory-Effekt!) der Antriebsakkus zu vermeiden (für den Fall, dass der Knoten im Taschentuch versehentlich aufging).

Allemal besser ist es, das diesbezügliche (Dran) Denken an intelligente, nicht durch menschliche Unzulänglichkeiten beeinträchtigte Maschinchen zu delegieren. Denn natürlich regiert auch bei der Netzladetechnik längst der Mikroprozessor, der über Drucktasten auf der Gerätefront bereitwillig Vorschläge entgegennimmt, wie die Akkus durch allerlei Lade- und Entladespielchen bei Arbeitslaune zu halten wären. Treuherzig blinkende LCD-Displays vermelden jede auch noch so subtile Befindlichkeitsstörung aus der Tiefe der Akkuseele. Zuweilen wird auch klar, dass nicht alles, was digitaltechnisch möglich, auch wirklich sinnvoll und nötig ist. Doch, wer Vieles bringt, wird Manchem etwas bringen (Goethe; Faust).

Ein zeitgemäßes, prozessorgesteuertes Netzladegerät sollte allerdings wenigstens folgende Leistungsmerkmale aufweisen:

- Ladespannung ausreichend für mind. 12 Zellen
- Ladestrom mit minimal 1 A
- Laden bei automatischer Vollerkennung (z.B. durch Delta Peak)
- Entladestrom minimal 1 A
- Entladen bei automatischer Endabschaltung bei 0,7 bis 1 V/Zelle

Bisweilen nützlich sind zusätzliche Features wie:

- Registrieren und Anzeigen der eingeladenen/entnommenen Kapazität
- Zyklenprogramm, d.h. automatische Folge von Entladen-Laden oder Laden-Entladen-Laden
- Formieren des Akkus durch mehrfaches (2- bis 5maliges) Entladen/Laden mit Kapazitätstest. Gerät stoppt automatisch, wenn neuer Zyklus keinen Kapazitätszuwachs mehr erbracht hat.
- Zusätzliche Lademöglichkeit für Bleiakkus (Konstantspannungsladen)

Unnötig sind nach Auffassung des Autors Programme wie:

- Kapazitätsschnelltest basierend auf Belastungsmessungen (da zu ungenau)
- So genannte Überwinterungsprogramme (da sich der mitteleuropäische Winter schon seit Jahren nicht mehr an das Pausengebot hält)

4.10.2 Mobile Ladegeräte

Energielieferant ist eine Bleibatterie, z.B. die 12-V-Starterbatterie des eigenen Kraftfahrzeugs. Sie stellt, auch wenn keineswegs unerschöpflich, eine fast immer präsente, leicht zu erschließende Kraftquelle dar.

Da an 12 Volt direkt nur NiCd- wie auch NiMH-Batterien mit maximal 7 (8?) Zellen aufladbar sind, verfügen Mobil-Lader, die etwas auf ihren Nutzer halten (und umgekehrt natürlich), über einen leistungsfähigen Gleichspannungs(DC-DC)-wandler, der seine Ausgangsspannung automatisch der zu ladenden Zellenzahl anpasst. Der Spannungshub muss ausreichen, um 30 bis 32 NiCd-Zellen in Reihe laden zu können, was nach einer Spannung von 50 bis 55 Volt verlangt. Da aber auch solche Geräte Energie nur wandeln, keineswegs aber vermehren können, „langt" ein solcher Lader bei der Stromentnahme aus einer 12-V-Bleibatterie ordentlich zu. Bei ausgangsseitigen 50 V und 4,5 A sowie einem realisierten Wandlerwirkungsgrad von 90% sind dies mehr als 20 A. Klar, dass eine altersschwache Kleinwagenbatterie das nicht sehr lange mitmachen kann.

Dennoch, wer pro Ladegang nicht mehr als 14 bis 20 stromhungrige Zellen zu „ernähren" hat, darf hoffen, sein Auto am Abend eines erfolgreichen Flugtags nicht mittels kraftsportlicher Aktivitäten in Gang setzen zu müssen, zumal alle modernen Mobil-Lader bei Unterschreiten einer kritischen Spannungsschwelle (zwischen 10 und 11 Volt) Alarm geben.

12-V-Schnellladegeräte verfügen heute meist über einen zweiten Ladeausgang, mit dem zeitgleich noch Empfängerakkus von 4 bis 6 Zellen mit 100 bis 500 mA geladen werden können. Spitzengeräte der Man(frau)-gönnt-sich-ja-sonst-nichts-Kategorie erfreuen ihre Nutzer bisweilen sogar mit einem dritten Paar

Abb. 4.10.2-1
Chamäleon von Schulze, High-End-Lader mit drei parallelen Ausgängen. Lädt bis zu 36 Zellen mit max. 9 A (max. 300 W). Ein Graphikdisplay zeigt die Lade/Entladekurven an, welche über eine PC-Schnittstelle weiterverarbeitet werden können

Ladebuchsen, an welchen sich im Bedarfsfalle bis zu 24 Zellen gütlich tun kön-nen. Wohlgemerkt, all das kommt aus einem bleiernen Sammler, der eigentlich nur dafür engagiert wurde, mit einem kurzen Stromstoß unsere Beteiligung am Straßenverkehr initiieren zu müssen.

Da Freizeit immer kostbar ist, gehen mobile Schnelllader zeitweise mit Ladeströmen bis 8 Ampere zur Sache. Doch Vorsicht, unter gewissen Umständen könnte dies für viele Akkus des Guten zu viel sein. Intelligente Lademaschinen, denen auch die Lebensdauer der ihnen anvertrauten Abonnenten ein Anliegen sein sollte, verhalten sich daher streng kundenorien-tiert. Sie ermitteln zu Anfang der Ladung erst mal die wichtigsten Grunddaten der Akkus, wie etwa Zellenzahl und Innenwiderstand und errechnen daraus die Parameter für die Ladung. Auch zwischendurch legen sie immer wieder kurze Ladepausen ein und erkundigen sich fortwährend nach dem Befinden des Akkus. Sollte sich bei so einem „Zwischencheck" etwa herausstellen, dass sich die Ladespannung kritischen Werten nähert, wird sofort zurückgeregelt. So kann der Anwender sicher sein, dass seine Akkus nicht nur flott, sondern auch wei-testgehend schonend geladen werden. Gute, d.h. niederohmige Akkus kann man so bei Normaltemperatur in 15 bis 20 Minuten „randvoll" bekommen, ohne gra-vierende Einbußen an Lebensdauer befürchten zu müssen.

Abb. 4.10.2-2
Klein und kompakt: ULTRA DUO plus von Graupner, lädt auch 30 Zellen und zusätzlich einen Empfängerakku

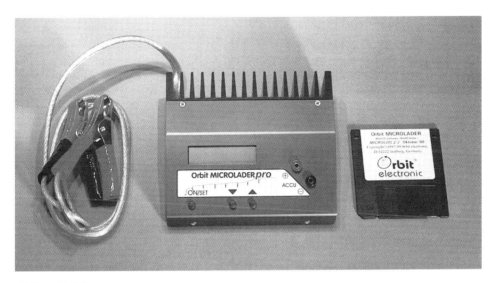

Abb. 4.10.2-3
Orbit Microlader pro. Sehr kompakt und handlich. 1 Ladeausgang bis 32 Zellen NiCd/ NiMH bzw. 8 A (max. 275 W). Entladung passiv mit max. 25 W. Delta-Peak-Abschaltung. Wahlweise auch Reflexladung. Ladestromautomatik. PC-Schnittstelle

Ein entscheidender Faktor bei derart druckvollen Ladespielen ist das punktgenaue und verlässliche Erkennen der Vollladung. Die Folgen eines zu frühen Abschaltens sind, zumindest was die Antriebsstromquelle in einem Flugmodell betrifft, nicht minder folgenreich, als wenn es zu spät passiert.

Es gibt zwei bewährte Vollerkennungsmethoden, die beide auf der Erscheinung beruhen, dass die Zellen sich bei beginnender Überladung erwärmen. Dies hat auch einen durchaus nachvollziehbaren Grund: Die Energie, welche nun nicht mehr gespeichert werden kann, wird in Wärme umgesetzt. Der Temperaturanstieg ist nach kurzer Zeit auch außen fühl- und messbar. Als Indikator eignet sich die prüfend aufgelegte menschliche Hand, besser aber, weil objektiv und automatisierbar, ein elektrischer (magnetisch haftender) Temperaturfühler. Letzterer reicht seine Information über eine Messleitung an das Ladegerät weiter, das dann bei einer voreinstellbaren Temperatur(differenz) abschaltet.

Mittelbar auf dem thermischen Effekt beruht auch das sogenannte ΔU- oder Delta-Peak-Verfahren. Es macht sich die Erkenntnis zunutze, dass die Spannung von NiCd- und (etwas schwächer ausgeprägt) NiMH-Akkus einen negativen Temperaturkoeffizienten besitzt, bei Temperaturerhöhung somit abnimmt. Dieser Spannungsrückgang kann von der Messelektronik eines Automatikladers ausgewertet und als Abschaltekriterium genutzt werden. Intelligente Ladegeräte verstehen es auch, kurzzeitige Spannungseinbrüche, wie sie zuweilen launiger Weise von „jugendlichen" Akkus (so genanntes Zellenrauchen) produziert werden, zu ignorieren.

Dieser negativ gerichtete Temperatureffekt und der daraus resultierende Spannungshöcker sind übrigens auch schuld daran, dass Ladegeräte, welche nur alleine die *Höhe* der Ladespannung auswerten, bei NiCd-Akkus absolute Fehlanzeige sind. Entweder, der Schwellwert für die Abschaltung wird so tief eingestellt, dass der Akku nicht ganz voll wird, oder man riskiert eine Überladung, weil die Spannung infolge einsetzender Erwärmung den eingestellten Punkt gar nicht erreicht.

Auch Mobil-Lader sind heute wahre Multitalente. Sie verfügen gewöhnlich über alle Features, die bereits unter 4.10.1 als empfehlenswert benannt wurden. Von besonderem Interesse ist bei Spitzengeräten die Entladefunktion mit Energierückspeisung. Von etwa 13 bis 14 Zellen aufwärts kann die im Antriebsakku gespeicherte Restladung wieder in die 12-V-Ladestromquelle zurückgeführt werden.

Wer sich eine zusätzliche Starterbatterie plus Ladegerät zulegt oder über ein leistungsfähiges, spannungsstabiles Netzgerät (12 bis 14 V/mind. 10 A) verfügt, kann den 12-V-Lader auch anstelle eines Netzladers zu Hause betreiben.

4.11 Konditionierung von Akkus – so werden sie besser

4.11.1 Selektieren

Akkuzellen, wie sie vom Produktionsband kommen, unterliegen Exemplarstreuungen. Werden sie anschließend zu einer Batterie vereint, ist Teamarbeit gefragt. Das kann zu Problemen führen, auch bei Akkus. Denn während am Ende der Entladezeit die „Kapazitätsstars" noch fleißig Strom liefern, werden die „Luschen" bereits umgepolt. Auch bei der Ladung geht es den „armen" Zellen schlecht: Ihre „Voll"-Meldung wird vom Ladegerät lange Zeit ignoriert, denn die Mehrzahl der „reichen" ist ja noch aufnahmefähig. Als Folge werden die „armen" ständig überladen. Von Vorteil ist es daher, die einzelnen Zellen entsprechend ihrer individuellen Kapazität zu selektieren, bevor man sie zu einem Batteriepack zusammenlötet.

Nach Kapazität und Innenwiderstand selektierte Zellen gibt es zu kaufen, mit entsprechendem Preisaufschlag versteht sich. Ein kleiner Aufkleber offenbart die gemessenen Daten. Wer neben verlängerter Motorlaufzeit auch auf erhöhte „Power" Wert legt, ist gut beraten, auch auf die Angabe der durchschnittlichen Entladespannung (meist bei 20 bzw. 30 A) zu achten.

Selektion von NiCd- und NiMH-Zellen ist zwar durchaus auch mit Hausmitteln machbar, ohne entsprechende messtechnische Ausrüstung und PC-Unterstützung aber enorm zeitaufwändig. Zudem ist es unumgänglich, größere Mengen an „Rohmasse" einzukaufen, aus denen selektiert werden kann.

Das Produktionsdatum von Sanyo-Zellen ergibt sich aus der aufgedruckten Buchstabenkombination

Der 1. Buchstabe bezeichnet das Produktionsjahr,

X	1993		
Y	1994	der 2. Buchstabe den Monat	
Z	1995	A	Jan
A	1996	B	Feb
B	1997	C	Mrz
C	1998	D	Apr
D	1999	E	Mai
E	2000	F	Jun
F	2001	G	Jul
G	2002	H	Aug
usw.	usw.	usw.	usw.

Abb. 4.11.1 a

Abb. 4.11.1-1
So sehen selektierte Zellenpacks von GM aus. Die Selektionsdaten sind den Aufklebern zu entnehmen

Wer sich von vorstehenden Warnungen nicht entmutigen ließ, kann wie folgt verfahren:

- Stabile Klemmhalterung für Einzelzellen bauen
- Zelle mit festgelegtem Strom (z.B. 5 A) laden
- Definierte Zeit (z.B. 1 min) bis zur Entladung warten
- Vollgeladene Zelle mit mindestens 10 A entladen
- Währenddessen in genauen Zeitabständen Zellenspannung notieren
- Entladezeit stoppen, bis Zellenspannung 0,8 V erreicht
- Messwerte mit Filzstift auf Zelle notieren
- Passende Exemplare zusammenfügen

Wer den vorausgehend beschriebenen Aufwand nicht treiben möchte, sollte wenigstens versuchen, nur Zellen aus derselben Produktionscharge zusammenzuschalten. Einen annähernden Hinweis gibt bei Sanyo der aufgedruckte Produktionscode.

4.11.2 Pushen, Zappen oder Drücken

Mit diesen Techniken gelingt es tatsächlich, die Hochstromeigenschaften einer Zelle messbar zu verbessern (Senken des Innenwiderstandes), ohne die Zelle selbst dabei zu öffnen. Das Verfahren basiert auf dem Primäreffekt, die Kontaktierung bzw. Verschweißung der inneren Stromableitersysteme zu verbessern. Dazu wird für kurze Sekundenbruchteile ein extrem hoher Strom (mehrere tausend Ampere) aus einer Kondensatorbatterie durch die Zelle „geschossen". Dieser bewirkt, wenn richtig dosiert, eine nachhaltige Verschweißung dieser inneren Kontaktstellen. Bei Überdosierung können die Ableiter durchbrennen, was die Zelle dann unbrauchbar macht. Diese nachbessernde Wirkung tritt konstruktionsbedingt hauptsächlich bei Zellen der Fabrikate Gold Peak und Sanyo auf. Sie hält ein Zellenleben lang vor.

74

Als wahrscheinliche Sekundäreffekte geht man u.a. von einer verbesserten Verteilung der Laugenkonzentration in der Zelle sowie einer verkleinerten Kristallstruktur aus, wodurch sich die elektrolytische Leitfähigkeit weiter verbessert. Diese „Tuningmaßnahme" kann auch bei Zellen mit bereits herstellerseitig komplett verschweißter Innenleiterstruktur (Panasonic, Saft) wirksam werden. Es gibt allerdings Grund zu der Annahme, dass diese mit geringerem Energieaufwand erreichbare elektrochemische „Fitness" einer gelegentlichen Auffrischung bedarf.

Richtig gepushte Zellen erreichen neben mehr Leistung auch eine höhere Lebensdauer, da in ihrem Inneren, bedingt durch den reduzierten Innenwiderstand, auch weniger Wärme entsteht.

Nicht minder effektvoll, aber auch in Fachkreisen sehr umstritten ist das Drücken der Zellen (bislang nur bei Sanyo-Hochstromzellen erfolgreich). Hierbei wird mit erheblichem Kraftaufwand von außen der Zellenboden eingedrückt, was eine Quetschung der „Innereien" zur Folge hat. Damit werden die inneren Stromübergänge durch erhöhten Anpressdruck verbessert; mit dem bereits beschrie-

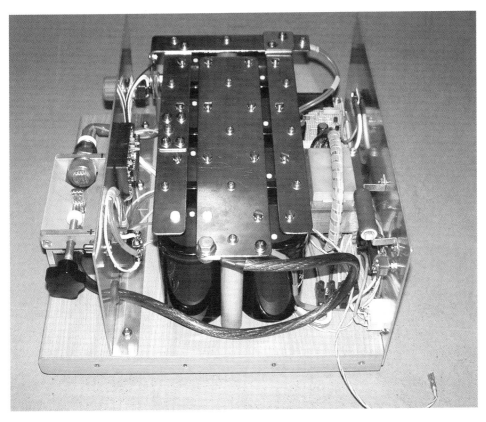

Abb. 4.11.2-1
„Pushmaschinen" sind aufwändige Geräte, die nur in fachmännische Hände gehören

benen widerstandsmindernden Effekt. Wenn jetzt noch ein wohl dosierter Pushstrom durch die Zelle geschickt wird, kann die Sache wirklich rekordverdächtig werden. Doch Vorsicht! Bei des Guten zu viel endet die wohlgemeinte Stärkungsaktion in einem inneren Zellenkollaps oder die Zellendichtung wird leck, was (durch Austrocknen) einem Todesurteil auf Zeit gleichkommt.

Spannungsverlauf in der Endphase der Ladung mit 4 A bei 3 × N-1700SCR

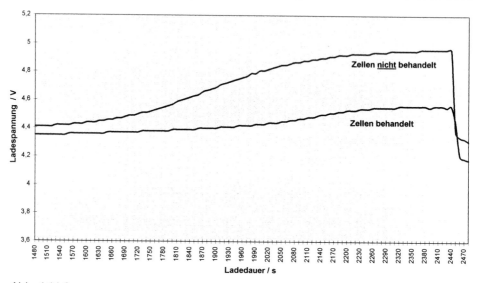

Abb. 4.11.2 a

Entladespannungsvergleich bei 3 × N-1700SCR bei Entladung mit 40 A

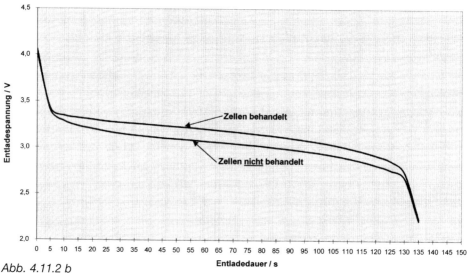

Abb. 4.11.2 b

76

4.12 Stromquellen neuer Technologie

Nickel-Metallhydrid-(NiMH-)Akku

NiMH-Akkus sind enge Verwandte der NiCd-Akkus, bei denen das giftige Cadmium durch eine Wasserstoff-Elektrode (Speichermetall) ersetzt wurde. Damit stieg die Kapazitätsausbeute um ca. 30%. Zwar wird die Nennspannung der NiMH-Technologie wie bei NiCd auch mit 1,2 V angegeben, sie liegt aber tatsächlich um nahezu ein halbes Zehntelvolt höher. Die Ladespannung der neuen Zellen andererseits ist um etwa denselben Betrag niedriger anzusetzen. Wirkungsgrad und Energiedichte liegen damit deutlich höher.

Der Innenwiderstand der neuen Zellengeneration ist zwar tendenziell etwas größer, doch scheint es nur noch eine Frage der Zeit, bis auch dieser Vorsprung eingeholt sein wird. Mit dem Typ RC-3000HV brachte Sanyo Ende 2001 erstmals eine Modellbauzelle auf den Markt, die bis ca. 30 A (10 C) eine höhere Spannungslage als der vergleichbare NiCd-Typ aus gleichem Hause aufweist. (Siehe Diagramm 4.12.a)

NiMH-Zellen können normalerweise aufgrund der sehr verwandten Eigenschaften den NiCd-Typ 1:1 ersetzen. Auf der Habenseite steht eine deutlich längere Betriebszeit pro Akkuladung. Bei sehr hohen Strömen (>12 C) ist die Spannungslage derzeit noch nicht konkurrenzfähig. Das Ladegerät benötigt für NiMH-Akkus eine etwas höhere Delta-Peak-Empfindlichkeit. Die meisten Ladegerätehersteller bieten entsprechende Updates an.

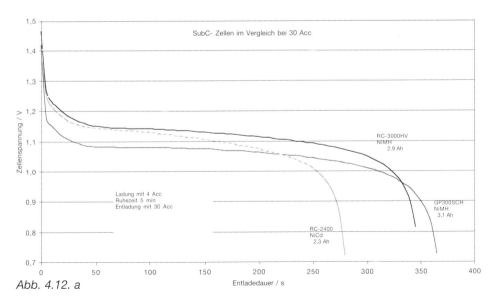

Abb. 4.12. a

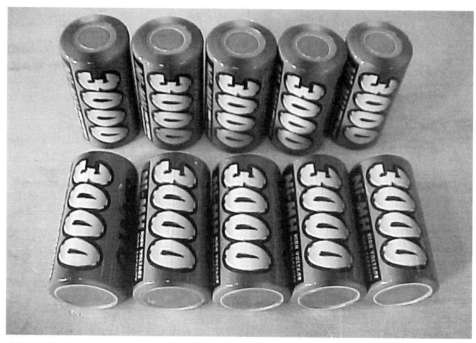

Abb. 4.12-1
RC-3000HV, die „Superzelle" von SANYO

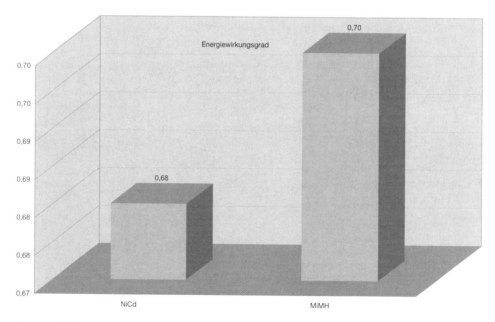

Abb. 4.12. b

Lithium-(Li-)Akku

Nachdem sich seit langem abzeichnet, dass die Lithium-(Li-)Akkus mit ihrem geringen Gewicht und der hohen Zellenspannung auch beim Elektroflug noch vorhandene Probleme lösen könnten, ruhen hohe Erwartungen auf dieser neuartigen Technologie. Es hat daher in den zurückliegenden Jahren nicht an Versuchen gefehlt, diese immer noch als etwas exotisch beleumundeten „Eliteakkus" für Elektroflugzwecke zu zähmen. Am besten gelang dies den Saalfliegern, denn ihre auf extremen Langsamflug getrimmten Modelle begnügen sich mit kleinen Antriebsleistungen. Zudem wurden bereits verschiedene Langzeitrekorde bei E-Seglern und Hubschraubern mithilfe von Lithium-Batterien erflogen. Hierbei spielt erfahrungsgemäß der Kostenfaktor eine eher nachgeordnete Rolle. Es zeigt sich, dass die (relative!) Hochstromtauglichkeit der Li-Akkus beständig Fortschritte macht.

Gleichwohl kann diese auf dem leichtesten und chemisch aktivsten aller Metalle beruhende Batterietechnologie z.Z. (Anfang 2002) im Bereich Modellflug noch keineswegs als alltagstauglich bezeichnet werden. Nur wer über detaillierte Kenntnisse und entsprechend genaue Messgeräte verfügt und zudem bereit ist, einen intensiven Wartungs- und Prüfungsaufwand zu treiben, kann Modelle mit Li-Antriebsakkus einsetzen. Auf gar keinen Fall rät der Autor, die Empfängerstromversorgung von Modellen, weder direkt noch indirekt (BEC), allein auf die Li-Technik zu stützen. Ob bei Saalflugmodellen aufgrund der geringen Massen und der damit verbundenen weniger gravierenden Ausfallfolgen hier Ausnahmen zu rechtfertigen sind, mag der Einzelne nach gewissenhafter Prüfung der Sicherheitsbestimmungen für sich entscheiden.

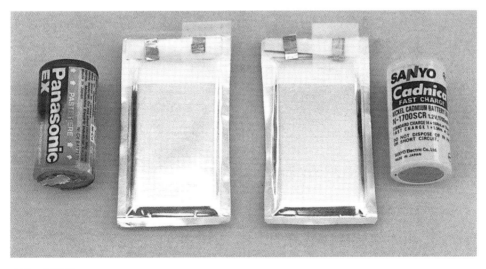

Abb. 4.12-2
Neue flexible Li-Zellen im Größenvergleich zu herkömmlichen NiCd-Zellen. Noch sind sie für Elektroflugzwecke nicht hoch genug belastbar

Beim Einsatz von Li-Akkus im Bereich des Modellsports sollte der Anwender sein Augenmerk insbesondere auf folgende Punkte richten.

- Ladung nur mit speziell auf den jeweiligen Akkutyp abgestimmtem Ladegerät. Bei Akkus mit höherer Zellenzahl ist eine Einzelzellenüberwachung unverzichtbar. Dies ist bei offenen Systemen (Ladegerät und Akku bilden keine geschlossene Einheit) kaum zu realisieren.
- Schon sehr kurzzeitige Kurzschlüsse können zerstörerische Folgen haben.
- Gefahr innerer bzw. auch äußerer Kurzschlüsse als Absturzfolgen. Zellen können dabei explodieren.
- Beschädigte Zellen können hochgiftige Substanzen freisetzen.
- Noch wenig erprobte Zuverlässigkeit im Hinblick auf plötzliches „Aussteigen" einzelner Zellen (daher niemals als alleinige Empfängerversorgung verwenden!!).
- Noch keine verfestigten Erfahrungen bezüglich Lebenserwartung unter real existierenden „Modellflugbedingungen".
- Hohe Kosten.

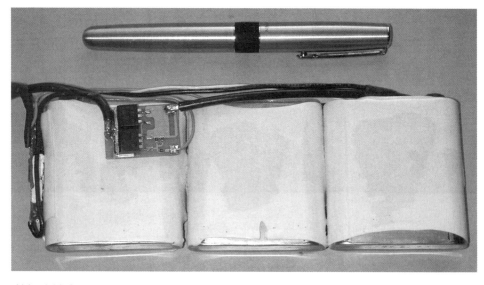

Abb. 4.12-3
Flachmänner unter sich (Füllfederhalter nur zum Größenvergleich). Allerdings benötigen die 5-Ah-Li-Ionen-Akkus von SAFT (vorne) noch einige periphere elektronische Schutzmechanismen, die im Überlastfall den Akku, leider (schlimmstenfalls) auch das Flugzeugmodell abschalten

Brennstoffzelle

Als Stromquellenalternative machten in den zurückliegenden Jahren auch schon wasserstoffgespeiste Brennstoffzellen auf sich aufmerksam. Auch diese Technik ist (zumindest im Modellmaßstab) noch in der Entwicklung begriffen, zeigt aber durchaus schon viel versprechende Ansätze.

Denn auch Wasserstoff ist etwas ganz Besonderes: Unter den chemischen Elementen mit der Ordnungszahl 1 versehen, markiert er den Anfang des Periodensystems und präsentiert sich damit als Substanz gewordene Einfachheit. Das Wasserstoffteilchen mit nur einem Proton und einem Elektron stellt quasi die atomare Minimallösung dar und lässt sich daher nicht nur hoch-komprimiert in Druckflaschen einsperren oder auf „coole" –252 °C verflüssigt in Thermobehältern transportieren, sondern auch zwischen den Atomgittern bestimmter Metalle, den so genannten Speichermetallen, „verstecken". Sie bestehen im Grundsatz aus Lanthan-Nickel- oder Titan-Manganlegierungen und können bis zu 2% Gewichtsprozente H_2 quasi zur Untermiete aufnehmen. Dies mag nicht eben viel erscheinen, stellt aber aufgrund der geringen Masse des Wasserstoffs (1 Liter wiegt 0,09 mg) doch eine respektable Menge dar. Bestimmte Magnesiumlegierungen bringen es sogar auf 6%, benötigen zum Be-und Entladen aber Temperaturen >200 °C, weshalb sie hier erst mal durch das Betrachtungsraster fallen. Das Schöne dabei: Die Speicherung erfolgt nahezu drucklos! Nichts mehr also von dem „bombigen" Charme schwerer, weil dick-wandiger Stahlflaschen, die nur unter einschneidenden Sicherheitsvorschriften transportiert und gelagert werden dürfen. Allerdings sind auch die Hydrid-speicherpatronen aus Sicherheitsgründen (unbeabsichtigte äußere Wärmeein-wirkung) bis ca. 30 bar druckfest ausgeführt. Und obwohl solche Sicherheits-maßnahmen die Energiedichte eines solchen Systems natürlich beeinträchtigen, werden auf diese Weise immerhin ca. 380 Wh/kg erreicht. (Siehe Vergleichs-diagramm 4.a.) Ein leichter Überdruck (0,5 bis 1,5 bar, kein Druckminderer nötig)

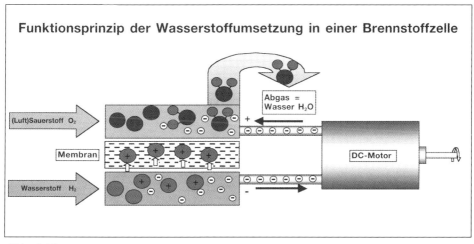

Abb. 4.12. c

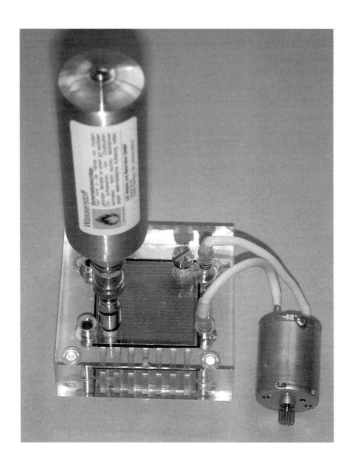

Abb. 4.12-4
Vielleicht kann sie ja bald den Akku ersetzen, die Brennstoffzelle. Das hier gezeigte Versuchsmuster (Conrad Modellbau) wird mit Wasserstoff gespeist und treibt bereits kleine Elektromotoren an, mit denen man bereits kleine Löcher in Holzbretter bohren kann

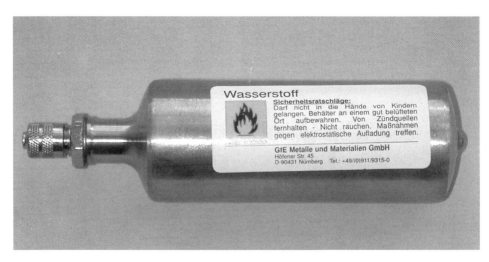

Abb. 4.12-5
So könnte der „Akku" der Zukunft aussehen

hilft übrigens auch dem Hydridspeicher zu funktionieren, ermöglicht er doch das Entleeren ohne zusätzliche Hilfsmittel. Dabei kühlt sich der Speicher ab. Gewöhnlich reicht die Umgebungswärme aus, um dies auszugleichen.

Einmal geleert, kann die Patrone mindestens 3000-mal wieder aufgefüllt – man spricht hier von beladen – werden, vorausgesetzt, der verwendete Wasserstoff hatte die erforderliche Reinheit. Wie bereits von den Nickel-Metallhydrid-Akkus her bekannt, bei deren Minus-Elektrode eine vergleichbare Wasserstoff-Speichertechnik zum Einsatz kommt, neigen die Speichermetalle zur Oxidation, wenn sie mit Sauerstoff, Wasser oder gar Kohlenmonoxid in Berührung kommen. Auf einem anderen Gebiet ist der Hydridspeicher den oben genannten Akkusystemen jedoch deutlich überlegen: Er kennt praktisch keine Selbstentladung. Auf die angelegten Vorräte ist somit Verlass!

Der in Bild 4.12-5 gezeigte Hydridspeicher mit der Bezeichnung MHS-20 kann bei einem Behältervolumen von 45 ml 20 Liter Wasserstoff (gemessen bei Normaldruck und Normaltemperatur) speichern und bringt dabei 260 g auf die Waage.

Ausströmender Wasserstoff (ungiftig) bildet zwar zusammen mit Sauerstoff eine explosive Mischung (Knallgas), allerdings braucht es einen Wasserstoffanteil von mindestens 4%, ehe die Chose hochgehen kann. Mit Hydridspeichern der gezeigten Größenordnung kann also in normalen Räumen nichts passieren.

Die Brennstoffzelle selbst stellt ganz einfach die Umkehrung des Elektrolyse-prinzips dar. Man nehme reinen Wasserstoff, mache ihn durch einen Katalysator reaktionsbereit und füge (Luft-)Sauerstoff hinzu. Anstatt die beiden Gase, wie aus dem Chemieunterricht sicher noch erinnerlich, durchzumischen und mit einem Knall verpuffen zu lassen, sorgt hier nun eine Membrane dafür, dass die Reaktionspartner zu Anfang noch getrennt bleiben. Erst nach Abgabe der negativ geladenen Elektronen können die nunmehr zu Ionen mutierten Wasserstoff-teilchen die Membrane passieren und sich auf der anderen Seite mit dem ach so geliebten Sauerstoff vereinigen, natürlich erst, nachdem sie sich die vor der Wanderung „abgeschüttelten" Elektronen wieder besorgt haben. Und da das Abgeben und das Aufnehmen der Elektronen auf verschiedenen Seiten geschieht, haben wir es hier mit einer klassischen Stromquelle zu tun: Elektronenüberschuss am Minuspol (Anode) und erhöhte Nachfrage danach am Pluspol (Kathode).

Theoretisch entsteht dabei eine Spannung von 1,229 Volt, einer NiMH-Zelle nicht ganz unähnlich. Doch wäre dies nicht zu schön? Leider ist in der Praxis dann eben nur gut ein Volt messbar, und das auch bloß bei Versorgung mit reinem Sauerstoff. Unsere Atemluft hat nur etwa 20% davon. Mit ihr kommt die Brennstoffzelle auf 0,9 bis 0,95 V (Leerlaufspannung). Unter Last sinkt dieser Wert je nach Luftzufuhr mehr oder weniger stark ab. Mit 0,8 bis 0,5 Volt kann man rechnen.

Zu mehr Optimismus Anlass gibt die Strombilanz. Die hier demonstrierte BZ12/16 (Experimentierzelle) kann als selbstatmende Zelle einen Kurzschlussstrom von immerhin 4000 mA abgeben. Wenn man zwangsbeatmet (Turbo-) oder reinen Sauerstoff anbietet, wird es deutlich mehr. Mit Rücksicht auf eine anzustrebende Zellenmindestspannung von >0,4 V sind aber (selbstatmend) 2500 bis 3000 mA als Ende der Fahnenstange anzusehen. Damit schafft die Zelle gerade mal ein Watt.

Auch bei der Brennstoffzelle wird man deshalb mehrere gleichartige Elemente zu einer Art Batterie zusammenschalten müssen. Man spricht hier von einem Brennstoffzellen-Stack.

5. Gute Verbindungen –
im Modellflug unverzichtbar

Die Leistung des einzelnen kommt nur zur Geltung, wenn er auch über die richtigen Verbindungen verfügt. Die Verhältnisse bei unseren Elektro-Modellen rechtfertigen keinerlei Ausnahmen. Der beste Akku wird zusammen mit dem stärksten Motor nicht die sprichwörtliche Wurst vom Teller ziehen, wenn ein Großteil der Energie in den Kabeln und Steckverbindungen verloren geht. Die hier angesprochene Problematik gewinnt an Bedeutung, weil wir es bei Antriebssystemen der modelltechnischen Art mit elektrischen Leistungen zu tun haben, die sich zwangsläufig aus relativ geringen Spannungen, dafür aber hohen Strömen ergeben.

5.1   Kabelverbindungen

Zumindest die Batterie ist in jedem Modell auswechselbar. Daher ist es zweckmäßig und angenehm, die verwendeten Verbindungskabel aus hochflexiblen Litzen herzustellen.

Am besten – nicht unbedingt am billigsten – sind solche mit Teflon-Ummantelung. Das Material garantiert nicht nur höchste Flexibilität, sondern ist auch beständig gegen die Einwirkung von Wärme, eine Eigenschaft, welche sich nicht nur beim Löten angenehm bemerkbar macht (schrumpft nicht), sondern die sich vor allem dann auszahlt, wenn die Isolierung mal mit einem heißen Motormantel oder einer „kochenden" Batterie in Berührung kommt. Bestens geeignet sind auch Litzen mit Siliconisolierung, welche eine ähnliche Temperaturbeständigkeit aufweisen. Preisgünstiger sind Kabel mit einfacher PVC-Isolierung.

Auch die Beschaffenheit der Kupferseele hat Einfluss auf die „Kooperationsbereitschaft" eines Kabels: Je mehr dünne Drähtchen, um so flexibler das Ganze.

Kabelfarben

Hier sollte der Modellflieger ausnahmsweise einmal jeden Ansatz von Kreativität wie auch den Willen zu eigenständigen Lösungsansätzen in die Schranken weisen:

PLUS-Kabel sind ROT (und nur ROT!)

MINUS-Kabel sind SCHWARZ oder BLAU.

Kabel, bei denen ein Sowohl-als-auch möglich und erlaubt ist (z.B. Motoranschlüsse) können andersfarbig (üblicherweise GELB) sein.

Kupferquerschnitt

Dicke Kabel leiten zwar besser, gebärden sich aber oftmals widerspenstig und belasten die Gewichtsbilanz. Daher gilt:

So kurz wie möglich und so dick wie nötig.

Was die Dicke angeht, hat sich folgende simple Faustformel bewährt:

Kupferquerschnitt (in mm²) = Maximalstrom (in A) : 16

Bis 40 A reicht also beispielsweise ein Querschnitt von 2,5 mm² aus.

5.2   Steckverbindungen

Stecker und deren Gegenstücke, die Buchsen, dienen dazu, häufiger wechseln-de Verbindungen herzustellen. Außerdem ermöglichen sie das rasche Auftrennen des Stromkreises bei „Gefahr im Verzug".

Bisweilen zu wenig beachtet zu werden scheint, dass an Steckverbindungen ganz zwangsläufig auch Spannungsverluste auftreten. Daher sollte folgende Regel Beachtung finden:

Steckverbindungen nur dort, wo unbedingt nötig!!

Bei elektrischen Modellantrieben ist eine leicht auftrennbare Verbindung eigent-lich nur zwischen der Batterie und dem Motorschalter bzw. Drehzahlregler nötig. Alle anderen Verbindungen, namentlich jene zwischen Motorschalter bzw. Drehzahlregler und Motor, sollten besser gelötet werden, weil Lötverbindungen elektrisch günstiger sind und außerdem jeder zuviel vorhandene Stecker auch das Verwechslungsrisiko erhöht.

Es gibt zahllose Steckersysteme. Für den vorliegenden Anwendungszweck geeignet sind nur solche, die auch bei zigfacher Benutzung nicht ausleiern. In diesem Fall ist der ansteigende Übergangswiderstand noch das kleinere Übel. Wirklich überlebenswichtig wird die Kontaktsicherheit, wenn der Antriebsakku die Empfangsanlage mitversorgt (BEC-System).

Drum: Finger weg von allem Steckermaterial, das im Bereich Haushalts-maschinen und Kfz dazu dient, Komponenten wie Lampen, Schalter, Relais etc. einmal im Geräteleben auswechseln zu können. Als tabu gelten auch

Steckerbezeichnung	Beschichtung	Durchmesser / mm	Länge Stecker + Buchse / mm	Gewicht Stecker + Buchsen - Paar / g	Spannungsabfall / mV pro 10 A	Für Kabelquerschnitte bis mm²	Ströme bis A	Bemerkungen
G 2	Gold	2,0	33	3,0	8,5	1,5	25	
G 2,5	Gold	2,5	35	3,5	6,5	2,5	40	
35 pp	Gold	3,5	17	1,5	3,5	4,0	70	
G 4	Gold	4,0	26...30	6...7	5,0	4,0	50	
Kontronik	Silber	4,0	24	1,5	3,0	4,0	80	
MPX	Gold	entsp. *	22	3,0	7,5	2,5	35	2 x 3 Kontakte parallel

*drei parallele Kontakte entsprechen Rundstecker von ca. 2,5 mm

Abb. 5.2 a
Beim Elektroflug bewährte Steckverbindungen

Abb. 5.2-1
Goldstecker G 4 (oben) bzw. G 2 (unten). Mit Verpolungsschutz (Conzelmann)

Stecker(chen), die aus dem Umfeld von elektrischen Eisenbahnen, beleuchtbaren Puppenstuben etc. entführt wurden. Nur bedingt geeignet sind so genannte AMP-Stecker, die zur Korrosion neigen und bei denen sich die Buchse immer wieder ausweitet.

Bewährt hingegen haben sich Steckverbinder mit Edelmetallauflage. Die Tabelle zeigt die marktübliche Artenvielfalt. Bei den Varianten PP35 und G4 sollte man beim Kauf auf einen möglichen Schwachpunkt achten: Die aus Beryllium-Kupfer gefertigten steckerseitigen Federlamellen dürfen ruhig eine „gesunde" und vor allem auch dauerhafte Härte aufweisen. Wenn sich die Verbindung nach dem zehnten Steckvorgang bereits merklich leichter trennen lässt, ist das Material mit großer Wahrscheinlichkeit nicht o.k. Außerdem darf man diese Federn beim Löten nicht „ausglühen". Daher: Stecker in nassen Schwamm oder wenigstens in die Buchse stecken, vorverzinnen, Kabelende (gleichfalls vorverzinnt) rasch anlöten!

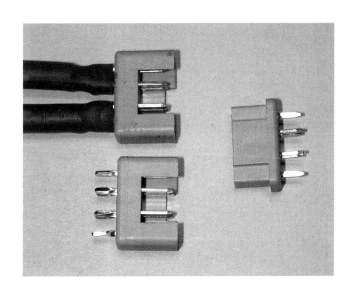

Abb. 5.2-2
Dieses sog. MPX-System ist durch Zusammenfassen von je 3 Einzelsteckern für Ströme bis ca. 35 A geeignet und zudem verpolungssicher

6. Motorsteuerung – die Schaltstelle des Antriebs

Es zählt zu den einzigartigen Vorzügen des Elektroantriebs, beliebig ein- und ausgeschaltet werden zu können. In den Kindertagen des Elektroflugs realisierte man dies gewöhnlich durch einen mechanischen Schaltkontakt, der anfangs über ein Servo, etwas später mittels Relais betätigt wurde. Dies war allerdings mit einem sehr ruckartigen Anlaufen bzw. Stoppen des Antriebs verbunden, das nicht selten einen frühzeitigen Verschleiß der Antriebsmechanik zur Folge hatte. Also konstruierte man so genannte Softanlaufschalter, die zumeist auf einer zweistufigen Schaltanordnung mit Vorwiderstand beruhten, und versuchte so, die konzeptionsbedingten Blitzstartambitionen der Elektromotoren zu zügeln.

Mit dem Erstarken der Leistungselektronik erwachte auch der Wunsch, dieses „alles oder nichts" durch eine kontinuierliche Leistungs- oder Drehzahlsteuerung zu ersetzen. Ergebnis war der Drehzahlsteller, der oft auch fälschlicherweise als Drehzahl*regler* bezeichnet wird. Mithilfe eines Drehzahlstellers lässt sich die Motordrehzahl kontinuierlich von Null bis „Vollgas" (besser wäre Vollstrom) verstellen. Führungsgröße ist hierbei die Motorspannung, welche der Stellung des Steuerknüppels folgt.

Wird, wie z.B. beim Hubschrauber, eine „echte" Drehzahlregelung gewünscht, gestaltet sich die Sache insofern etwas komplizierter, als jetzt noch ein Drehzahlaufnehmer gebraucht wird, der die tatsächliche Ist-Drehzahl ermittelt. Bei der bürstenlosen Motorentechnik kann dies über die Arbeitsfrequenz des Motors erfolgen. Der Elektronik kommt in diesem Fall die Aufgabe zu, den Vergleich mit dem vom Sender vorgegebenen Soll-Wert herzustellen und eventuelle Abweichungen auszuregeln.

Möglich ist allerdings auch eine Stromregelung, wobei dann der Wert des Motorstroms mit dem Steuerknüppel folgt. Interessant hierbei ist, dass der fest eingestellte Motorstrom damit von der Spannungshöhe (solange hinreichend groß) unabhängig wird.

Für Antriebe mit nur geringer Leistung (< 100 Watt) werden auch heute zuweilen noch Soft(anlauf)schalter eingesetzt. Sie stellen prinzipiell aber nichts anderes als Zwei-Punkt-Steller dar, die, wenn aktiviert, den Motor langsam (d.h. während ca. 1 Sekunde) von Null auf „Vollgas" hochfahren.

6.1 Funktionsprinzip des Drehzahlstellers

Bei Gleichstrom-Elektromotoren folgt die Drehzahl grundsätzlich der Motorspannung. Möchten wir also den Motor mit unterschiedlichen Drehzahlen laufen lassen, benötigen wir auch verschiedene Spannungen. An Bord eines Elektroflugmodells ist diese Auswahl nicht eben berauschend; es gibt nur eine feste Batteriespannung. Die vielleicht nahe liegende Idee, zwecks Drehzahlreduzierung die Batterie bei verschiedenen Zellenzahlen anzuzapfen, verwerfen wir sofort wieder, denn dies hätte, abgesehen von dem damit verbundenen Schaltungsaufwand, eine ungleichmäßige Entladung der einzelnen Zellen zur Folge.

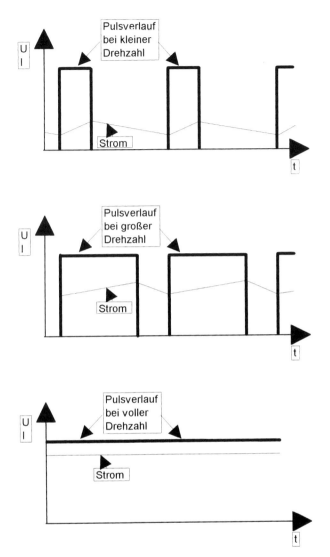

Abb. 6.1 a
Verlauf von Spannung und Strom (qualitativ) beim Drehzahlsteller

Dem Motor muss also, soll er langsamer laufen, ein mehr oder weniger großer Teil dieser Akkuspannung vorenthalten werden. Dies gelingt beispielsweise durch Einschleifen eines Vorwiderstands in den Motorstromkreis. Allerdings wäre dies kein sonderlich ökonomisches Unterfangen, weil die dem Motor „geklaute" Spannung hierbei nutzlos verheizt würde. Im Übrigen stieße man bei den Antriebsleistungen, wie sie heute beim Elektroflug üblich sind, rasch an die Grenzen des kühlungstechnisch Handhabbaren.

Grundsätzlich ist das Prinzip Vorwiderstand aber richtig. Statt eines ohmschen Vorwiderstands, der Wärme erzeugt, wählt man statt dessen einen so genannten Blindwiderstand, welcher, oh Wunder, bereits in Form der Induktivität in den

89

Motoren vorhanden ist. Sie „klaut" die Spannung nicht, sondern „leiht" sich beim Einschalten des Stroms nur einen Teil davon aus, um sich damit ein Magnetfeld aufzubauen. Beim Ausschalten fällt das Magnetfeld wieder in sich zusammen und gibt die zuvor einbehaltene elektrische Energie dann auch brav wieder zurück, und das sogar in Form der richtig bemessenen Spannung. Ja, es gibt halt doch noch Anständigkeit auf dieser Welt!

Dieses Prinzip funktioniert allerdings nur, wenn die Spannung in Form von Impulsen verabreicht, also in rascher Folge ein- und ausgeschaltet wird, denn die Speicherfähigkeit der Induktivität ist zeitlich sehr begrenzt und dabei auch noch von Typ und Größe des Motors abhängig. Also unterbricht ein elektronischer Schalter (es bieten sich hierzu so genannte Power-MOS-FETs an) die Verbindung zwischen Akku und Motor periodisch mit einer Frequenz von 2000 bis 4000 Hertz (2 bis 4 kHz). Steht eine geringe Spannung bzw. Drehzahl auf dem Wunschzettel, so sind die Pulse kurz, die Pausen dazwischen lang. Je mehr Drehzahl gebraucht wird, desto größer (füllender) wird die Pulslänge, bis die Pausen schließlich bei „Vollgas" gänzlich verschwinden.

Das drehzahlkritische Puls/Pausen-Verhältnis wird vom Empfängersignal bestimmt. Bei modernen Drehzahlstellern übernimmt ein Mikroprozessor hierbei die Übersetzerfunktion. Durch einen bestimmten Programmiermodus muss allerdings zuvor festgelegt werden, bei welchen Knüppelstellungen „Null" und „Voll" erreicht werden sollen. Diese Einstellungen bleiben dann für die nachfolgenden Betriebsfälle gespeichert. Mehr und mehr gehen die Hersteller auch schon dazu über, selbstprogrammierende Drehzahlsteller anzubieten. Eine weitere Komfortstufe wäre dann noch eine sogenannte Bremsposition, wo die EMK-Bremse (siehe 6.3) in Aktion tritt. Sie deckt sich bei Stellern einfachen Zuschnitts mit der Nullstellung, was in der Mehrzahl der Fälle auch zu keinerlei Nachteilen führt.

6.2 Eine Frage des Takts

Genau genommen müsste die Taktfrequenz eines Drehzahlstellers auf den angeschlossenen Motor abgestimmt werden. Diese Anpassung erwiese sich jedoch in der fliegerischen Praxis, wo ein reichhaltiges Angebot an Elektromotoren und Drehzahlstellern nach Kombinierbarkeit der einzelnen Komponenten verlangt, als sehr schwierig. Eine zu hohe Frequenz erzeugt im Steller unnötig hohe Schaltverluste. Ist sie zu klein gewählt, wird das Speichervermögen der Motorinduktivität überfordert, was Verluste in den Motorspulen nach sich zieht.

• **Eisenankermotoren**

Die Schaltfrequenz von 2 bis 4 kHz stellt einen erprobten Kompromiss dar. Seitdem allerdings preisgünstige Mikrocontroller mit allerdings relativ geringer Taktrate für Drehzahlsteller zur Verfügung stehen, neigen manche Hersteller hinsichtlich Arbeitsfrequenz erneut zu Kompromissen, die bestenfalls aus wirtschaftlicher Sicht zu rechtfertigen sind. Diese Steller arbeiten mit nur 1 kHz, was für die Mehrzahl der Motoren fraglos zu wenig ist. Ein (vom Stellerproduzenten) erwünschter Nebeneffekt ist die geringere Erwärmung des Stellers im Taktbetrieb, was eine kompakte Bauweise erlaubt. Die insgesamt ansteigenden Verluste während des Taktbetriebs werden hierbei schweigend in Kauf genommen und dem Ressort „Motor" angelastet.

- **Glockenankermotoren**

  Die optimale Taktfrequenz lässt sich nur bei Kenntnis der Motordaten bestimmen. Voll daneben liegt man selbst mit 4 kHz bei Glockenankermotoren, wie sie beim Solarflug oder bei Dauerflug(rekord)versuchen gerne eingesetzt werden. Sie weisen aufgrund ihrer Bauweise eine so geringe Induktivität auf, dass eine fünfstellige Zahl von Schaltspielen pro Sekunde erforderlich wäre. Man hilft sich gewöhnlich durch Vorschaltdrosseln, Ringkernspulen, welche bei noch tragbaren Verlusten die Induktivität in den „grünen Bereich" verschieben.

- **Elektronisch kommutierte Motoren**

  Während ein Drehzahlsteller für herkömmliche mechanisch kommutierte Motoren bei „Vollgas" vollständig durchschaltet, erzeugt ein Brushless-Controller drei periodisch geschaltete Spannungen, die jeweils um 120° gegeneinander versetzt sind. Bei einem vollständigen Zyklus (360°) ist somit jede Wicklung immer für 120° positiv, dann für 120° negativ an Spannung gelegt und dazwischen jeweils für 60° ausgeschaltet. Die resultierenden Phasenströme folgen diesen Schaltvorgängen aufgrund der Induktivität nur indirekt in Form einer Trapezkurve.

  Bei „Teilgas" werden alle geschalteten Phasen (hier der Übersicht wegen nur Phase II gezeichnet) nochmals „intern" mit einer höheren Schaltfrequenz getaktet. Dies geschieht je nach Typ mit 8 bis 12 kHz, bei Controllern besonders induktivitätsarmer Motoren sogar mit bis zu 32 kHz. Dadurch steigt die resultierende Phasenspannung nicht auf die volle Höhe an, was den gewünschten drehzahlreduzierenden Effekt hat.

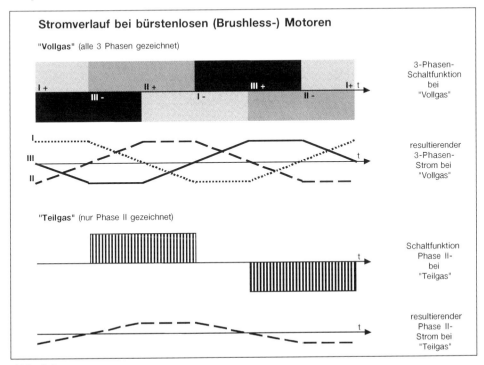

Abb. 6.2 a

Abb. 6.2-1

Sog. 3-Phasen-Controller übernehmen bei bürstenlosen Motoren auch die Drehzahlstelleraufgabe

6.3 EMK-Bremse

Um Klappluftschrauben während des Gleitflugs zum Anklappen zu bewegen, genügt es nicht, den Motor einfach stromlos zu machen. Der Propeller gefällt sich dann nämlich als Windrad und dreht im Fahrtwind lustig weiter. Der Motor selbst wird dabei zum Generator. Durch Kurzschließen des zum Stromerzeuger mutierten Motors wird dieser so extrem belastet, dass seine Drehzahl fast (!) auf Null absinkt, tief genug jedenfalls, damit der Fahrtwind einen Moment lang über die Fliehkraft triumphiert und die Propellerblätter nach hinten klappen lässt. Benötigt wird für den Motorkurzschluss ein sogenannter Bremstransistor (oder auch mehrere davon).

In der Praxis erweist es sich zuweilen als günstig, die „Sattheit" des Kurzschlusses dosieren zu können, denn so ungestüm wie ein Hochleistungsmotor bei voller Spannung anläuft, so hart bremst er auch bei einem niederohmigen Kurzschluss ab. Drehzahlsteller für Wettbewerbseinsätze verfügen daher über eine einstellbare Bremse, deren „Zupacken" mitunter auch zeitlich verzögert oder verhindert werden kann. In diesem Zusammenhang verdient auch das „Windmilling" Erwähnung, bei dem man bewusst auf das Anklappen der Propellerblätter verzichtet, um den Sinkflug des Modells über den Widerstand der mitdrehenden Schraube abzubremsen. Dies kann z.B. beim Ausstieg aus starker Thermik sehr hilfreich sein.

Bei Drehzahlstellern einfacher Machart ist die Bremsung unmittelbar mit der Nullstellung des Antriebs gekoppelt. Bei Modellen mit Starrluftschraube ist die EMK-Bremse überflüssig. Es empfiehlt sich hier, sie – wenn technisch möglich – abzuschalten. Übrigens, EMK leitet sich ab von **E**lektro **M**otorische **K**raft!

6.4   Empfängerstromversorgung (BEC)

Drehzahlsteller enthalten zuweilen ein BEC. Damit ist es möglich, die Empfangsanlage eines Elektroflugmodells auch aus der Antriebsbatterie zu speisen, somit einen separaten Empfängerakku (4,8 V) und damit natürlich auch dessen Gewicht einzusparen. So erklärt sich dann auch wohl die häufig verwendete (nicht unbedingt sehr glücklich gewählte) Abkürzung: BEC steht für **B**attery **E**liminating **C**ircuit.

Schaltungstechnisch besteht der BEC-Zusatz im Wesentlichen aus einem 5-Volt-Festspannungsregler, der bei hinreichend großer Eingangsspannung (> 5,2 bis 6,5 V) ausgangsseitig eine konstante Spannung zur Verfügung hält. Die Strombelastbarkeit richtet sich nach Zahl und „Durst" der verwendeten Servos. Man liegt nicht falsch, wenn von einer Kurzzeitbelastung (1 bis 2 s) von 0,5 A pro Servo ausgegangen wird; wovon 40 bis 50 Prozent dauernd verkraftbar sein sollten.

Der Einsatzbereich für ein BEC hat physikalische Grenzen. Dies hängt einmal damit zusammen, dass bei den verwendeten Linearspannungsreglern (getaktete Regler haben sich bis heute nicht durchsetzen können) die Differenz zwischen Antriebsbatteriespannung und 5 V einfach „verheizt" wird. Ein Beispiel mag dies verdeutlichen:

Die Spannung eines momentan durch den Motor nicht belasteten 12-zelligen NiCd-Akkus wird mit 15 Volt angenommen. Der von den Servos aufgenommene Strom betrage momentan 600 mA. Dann errechnet sich die durch den 5-Volt-Spannungsregler „verbratene" Verlustleistung wie folgt:

$$P_{verl\ BEC} = (15\ V - 5\ V) \times 0,6\ A = 6\ W$$

Diese Verlustleistung ist deutlich höher als jene, die ein Drehzahlsteller durch den Motorstrom zu verkraften hat (siehe Abschn. 3). Glücklicherweise treten beide Leistungsmaxima nicht unbedingt zeitgleich auf, denn mit Belastung durch den Motor sinkt die Batteriespannung auf niedrigere Werte. Auch hier soll ein Zahlenbeispiel zur Verdeutlichung beitragen. Wir gehen also davon aus, dass die Motorstrombelastung nun 35 A betrage, wodurch die Batteriespannung auf 13 V abgesunken sei. Der Restwiderstand R_{DSon} des auf „Vollgas" geschalteten Drehzahlstellers betrage 3 mΩ.

$$P_{verl\ BEC} \quad = (13\ V - 5\ V) \times 0,6\ A = 4,8\ W$$
$$P_{verl\ DSon} \quad = I^2 \times R_{DSon} = \ (35\ A)^2 \times 3\ m\Omega = 3,7\ W$$
$$P_{verl\ gesamt} \quad = P_{verl\ BEC} + P_{verl\ Dson} = 4,8\ W + 3,7\ W = 8,5\ W$$

Wie man sieht, verantwortet der BEC eindeutig den größeren Teil der Verlustleistung und ist damit als Hauptverursacher für die schädliche Erwärmung des Drehzahlstellers entlarvt. Es besteht daher Einigkeit, dass sich der **BEC-Einsatz nur zwischen (6) 7 und 12 Zellen** wirklich lohnt, und, wie im Folgenden zu zeigen sein wird, verantworten lässt.

Neben der Verlustleistung verdient nämlich noch ein weiterer Aspekt unser Augenmerk. Der BEC stellt eine elektrische (galvanische) Verbindung zwischen dem Empfängerstromkreis und dem Antriebsstromkreis her. Letzterer ist aber in erheblichem Maße „störungsverseucht", wobei das Bürstenfeuer herkömmlicher Elektromotoren offen sichtbar als Verursacher außer Frage steht. Was nicht

Abb. 6.4-1
SUN 4000, einfacher Steller von Kontronik, der sich beim Einschalten selbst programmiert.
Die Taktfrequenz liegt bei 2 kHz. Der BEC kann bis zu 4 Servos speisen

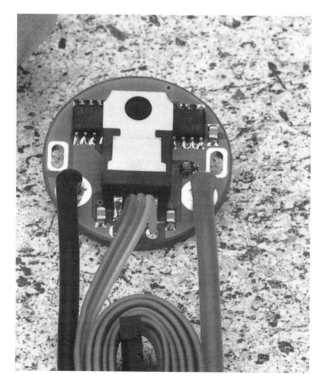

Abb. 6.4-2
Stellerplatine „Rondo", die
direkt an die Anschlüsse
eines Motors der
400er-Größe gelötet wird.
Mit BEC (für 2 Servos) und
Überstromschutz

immer bekannt ist: Auch elektronisch kommutierte Motoren, wie sie beim Elektroflug immer beliebter werden, erzeugen, zumal wenn das Timing nicht ganz stimmt, ein Störgewitter (das man allerdings nicht sehen kann). Diese Störungen können den RC-Empfänger ganz empfindlich irritieren, weshalb beim BEC-Einsatz grundsätzlich mit einer etwas eingeschränkten Reichweite der RC-Anlage zu rechnen ist. Dies kann sich in extremen Empfangspositionen (niedrig anfliegendes Modell in größerer Entfernung) durchaus unangenehm bemerkbar machen.

Bei Antrieben mit höherer Zellenzahl wie auch generell bei hohen Motorströmen (> 35 A) hat es sich daher bewährt, beide Stromkreise galvanisch zu trennen.

6.5   Optokoppler

Wie die Bezeichnung bereits vermuten lässt, wird bei Einsatz eines Optokopplers das Empfängersignal via Lichtsignal zur Drehzahlstellerelektronik übermittelt, gänzlich ohne elektrische Verbindung. Wichtig dabei: Die Übertragungsstrecke stellt eine Einbahnstraße in Richtung Motorstromkreis dar. Es können somit keine (störenden) Informationen in den Empfängerkreis zurückfluten. Natürlich bedarf es jetzt wieder eines separaten Empfängerakkus, denn BEC und Optokoppler schließen sich naturgemäß gegenseitig aus! Dennoch sind Drehzahlsteller am Markt, welche beide Optionen enthalten. In diesem Fall müssen zwei Drahtbrücken (+/– 5 V) durchtrennt werden, um dem Optokoppler zur Entfaltung zu verhelfen.

Abb. 6.5.-1
LRP-Drehzahlsteller mit Optokoppler sind in diversen Stromklassen verfügbar

6.6   Schützende Helfer

Der Wunsch nach möglichst kleinen und leichtgewichtigen Drehzahlstellern lässt es nicht zu, diese für alle Last(un)fälle ausreichend zu dimensionieren. Gleichwohl würde es der Hobbyanwender als unbillig empfinden, wenn bereits ein etwas zu großzügiges Interpretieren der Betriebsanleitung (eine Zelle mehr bzw. falscher Einbau) sofort mit „Totalschaden" abgestraft würde. Bei Drehzahlstellern stehen daher eine mehr oder weniger große Anzahl schützender Helfer „Gewehr bei Fuß", um im Fall der Fälle das Allerschlimmste zu verhindern. Es soll allerdings nicht verschwiegen sein, dass manche dieser Wohltäter bisweilen auch zu übereifrigem Agieren neigen. Der Einsatzplan der Rettungskräfte sieht folgende Unfallvarianten vor:

- **Überhitzung**

  Drehzahlsteller lieben es, in gut gelüfteten Räumen zu arbeiten. Werden sie jedoch in Watte gepackt oder aber eine gewisse Zeit über ihrem Leistungslimit betrieben, so spricht irgendwann (im Minutenbereich) die Thermosicherung an. Sie bewirkt je nach Herstellerphilosophie ein Abstellen oder nur ein Zurückregeln des Motors. Ersteres merkt der Pilot sofort, leider jedoch meist zur falschen Zeit und am falschen Ort. Doch auch die Außenlandung muss schließlich mal geübt werden!

- **Überstrom**

  Art und Anzahl der eingebauten Power-MOS-FETs bestimmen den zulässigen Maximalstrom. Wird er deutlich überschritten (auch hier markenspezifische Unterschiede von 10 bis 30%), so muss im Sekundenbereich die Strombegrenzung greifen, zumeist, indem die Pulslänge automatisch auf ein erträgliches Maß zurückgenommen wird. Aufgrund der abfallenden Spannungskurve des Akkus passiert dies normalerweise nicht während des Flugs, sondern bereits beim Einschalten. Doch auch das segensreiche Einschreiten der Überstrombegrenzung birgt die Gefahr von Missverständnissen: Bei einem (aufgrund Fehlanpassung) komplett überlasteten Antrieb merkt der Anwender infolge des unbemerkten Einsetzens der Strombegrenzung nichts von der Überlast. Daher sollte jeder Antrieb wenigstens einmalig mit einem Amperemeter kontrolliert werden.

  Drehzahlsteller der jüngsten Generation nutzen ihre elektronische Intelligenz mit dazu, derartige Überlastzustände eindeutig erkennbar anzuzeigen. So kann der Strom beispielsweise anfangs nur kurz, bei fortbestehender Überlast jedoch immer länger unterbrochen werden.

- **Kurzschlussschutz**

  Den Extremfall der Stromüberlastung stellt ein „satter" Kurzschluss der motorseitigen Anschlusskabel dar. Da unsere Akkus leicht mit Strömen im dreistelligen Amperebereich zur Hand sind, muss dieser Schutz – wenn vorhanden – im Bereich von Millisekunden ansprechen. Dies impliziert naturgemäß auch die Gefahr einer Überreaktion. Daher verzichten viele Hersteller darauf, diesem durch etwas Sorgfalt leicht vermeidbaren Defekt vorzubauen.

- **Unterspannungsschutz**

  Diese Maßnahme macht nur im Zusammenhang mit einer Empfängerstromversorgung wirklich Sinn. Hier muss zuverlässig verhindert werden, dass die Batteriespannung unter jenen Wert sinkt, der für den BEC noch eine stabile Ausgangsspannung garantiert (je nach Spannungsregler 5,2 bis 6,5 V).

Bei Drehzahlstellern mit Optokoppler hingegen kann eine derartige Schutzmaßnahme bestenfalls als überflüssig bewertet werden. Besonders „intelligente" Systeme ermitteln nämlich die Zellenzahl der Batterie und legen dann flugs ihre Abschaltespannung bei z.B. 0,8 V pro Zelle fest, damit dem Akku via Tiefentladung nicht ein Leid geschehe. Der Sinn solcher Maßnahmen ist zwar „gut gemeint", verkennt aber zumeist, dass ein unvermitteltes Abstellen des Motors oftmals schlimmere Folgen zeitigt, als wenn (falls überhaupt?) der Akku eine „chemische Schramme" abbekommt. Neuere Stellergenerationen messen daher zusätzlich den Motorstrom und können so diese Abschaltgrenze flexibel festlegen. Dennoch empfiehlt der Autor: Zellenzahlabhängigen Unterspannungsschutz, wenn möglich, „wegprogrammieren" und paarweise vorhandenes akustisches Kontrollorgan aktivieren!? Lässt die Leistung des Antriebs – erkennbar am abschwellenden Ton der Luftschraube – merklich nach, wird die Landung eingeleitet!

- **Verpolungs- und Überspannungsschutz**

  Derartige Features sind nur bedingt zu realisieren, da ein „Vollschutz" sowohl den Kosten- wie auch den Aufwandsrahmen eines Drehzahlstellers für Modellantriebe sprengen würde. Gegen Falschpolung helfen jedoch entsprechende Steckersysteme. Übrigens sind spannungs- oder verpolungsbedingte „Todesursachen" stets von der Garantie ausgeschlossen und bei der „Obduktion" durch einen Servicetechniker auch leicht nachweisbar.

6.7 Drehzahlsteuerung bei mehrmotorigen Antrieben

Mehrmotorige Flugzeuge waren bei den Elektrofliegern stets beliebte Nachbauobjekte, denn die Unkompliziertheit und Zuverlässigkeit der elektrischen Antriebssysteme ließ derartige Objekte vielfach erst in den Bereich des Realisierbaren rücken. Preisgünstige Großserienmotoren helfen zudem, die finanzielle Hürde der Mehrmotorigkeit leichter zu überwinden. Doch wie steht es um die Antriebsperipherie? Benötigen wir für jeden Motor einen eigenen Steller? Die Frage lässt sich zumindest beim mechanisch kommutierten Motor verneinen. Zwar ist es möglich, jeden einzelnen Motor mit einem eigenen Drehzahlsteller zu betreiben, doch nötig ist dies in den meisten Fällen nicht. Meist lassen sich mehrere Motoren (und auch Batterien) zu Antriebsgruppen zusammenfassen, für die dann ein Steller bzw. Regler das Management übernimmt.

Vorab ist zu überlegen, ob die Motoren bzw. Akkus in Serie (hintereinander) oder parallel (nebeneinander) geschaltet werden sollen. Bei einer größeren Zahl von Motoren besteht zudem die Möglichkeit, beide Verbindungsvarianten zu kombinieren.

- **Reihenschaltung**

  Die Motoren liegen gemäß Abb. 6.7 a in einem unverzweigten Stromkreis, werden somit von demselben Strom durchflossen. Alle in Reihe liegenden Motoren entwickeln deshalb das gleiche Drehmoment. Dies berechtigt, identische Motordaten und gleiche Propeller vorausgesetzt, auf gleiche Drehzahl zu hoffen. Der angestrebte Gleichlauf stellt sich zuweilen aber erst im eingeschwungenen Zustand ein. Zu Anfang, bei feinfühligem „Gasgeben", wird

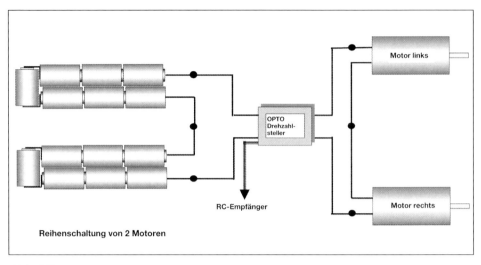

Abb. 6.7 a

einer der Motoren (meist rein zufällig) als Erster anlaufen. Bedingt durch dessen drehzahlbedingte innere Gegenspannung fällt der Strom somit kurzzeitig ab, sodass der (die) noch ruhende(n) Mitstreiter sich anfangs nicht „angesprochen zu fühlen" scheinen. Erst mit zunehmendem Propellerdrehmoment wird dann auch der Rest des Antriebsteams in Bewegung geraten. (Routinierte Piloten nutzen dies als Showeffekt, denn für den Betrachter sieht das so aus, als würden die Motoren bewusst nacheinander gestartet.)

In Reihe geschaltete Motoren reagieren so, als wären sie über ein Differenzialgetriebe miteinander verbunden. Die Batteriespannung teilt sich im Normalfall zu gleichen Teilen auf die Einzelmotoren auf, muss also einen der Anzahl von Motoren entsprechenden Wert aufweisen. Auch für den Drehzahlsteller ist es förderlich, die Summenspannung aller Motoren verkraften zu können.

Falls ein Motor mal versehentlich blockiert wird, bekommt (bei zwei) der andere die doppelte Spannung ab.

- **Parallelschaltung**

  Wie aus Abb 6.7 b zu ersehen, liegen die Motoren nunmehr alle an derselben Spannung. Bei übereinstimmenden Werten von Motoren und Propellern stellt sich auch hier ganz zwangsläufig Drehzahlgleichheit ein. Die von den einzelnen Motoren aufgenommenen Ströme addieren sich nunmehr, was einen Drehzahlsteller sowie eine Stromquelle von entsprechender Belastbarkeit voraussetzt (eventuell mehrere gleichzellige Batterien parallel). Die Parallelschaltung bietet sich auch an, wenn beispielsweise 3 oder 4 Motoren kleiner Leistung (z.B. Speed 400) aus mehreren parallel geschalteten Batterien (wie in 6.7 b gezeigt) oder auch einem leistungsfähigen Akku großer Kapazität (RC-2400 oder N-3000CR bzw. CP-3600) gespeist werden sollen. Bei einem

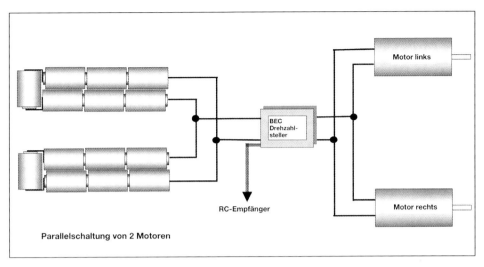

Abb. 6.7 b

Gesamtstrom von >35 A empfiehlt sich dann unabhängig von der Zellenzahl der Batterie die Verwendung eines Stellers mit Optokoppler.

- **Gemischte Beschaltung**

Bei mehr als 3 Motoren macht es im Allgemeinen Sinn, die Motoren teilweise parallel und in Reihe zu schalten. Dies gilt zumindest so lange, wie ein Drehzahlsteller mit ausreichend hoher Belastbarkeit zur Verfügung steht.

Den geringsten Verkabelungsaufwand erfordert eine Anordnung nach Variante 1 (6.7 c). Hier sind die beiden Seiten parallel geschaltet, die beiden Motoren einer Seite liegen aber in Reihe. Dieser sehr einfachen Anordnung haftet der Nachteil an, dass bei Ausfall eines Motors (weil durchgebrannt) der Antrieb auf der ganzen Flächenseite ausfällt, was kaum auszusteuern sein dürfte.

Für diesen Fall ist es vorteilhaft, wie in Variante 2 (6.7 d) gezeigt, die Motoren einer Seite jeweils parallel, die Flächenseiten dann aber in Reihe zu legen. Jetzt wird bei Versagen eines Triebwerks das nebenliegende vielleicht etwas höher belastet (bekommt Gesamtstrom ab), die Motoren der anderen Flügelseite aber etwas gedrosselt (bekommen nur noch den Strom des verbleibenden Motors). Hiermit steigt die Chance den Flug ordnungsgemäß zu beenden gegenüber Variante 1 ganz erheblich.

Als verdrahtungsaufwändig, aber für den Fall der Fälle ideal gerüstet, zeigt sich ein viermotoriges Modell, bei dem jeweils die inneren und die äußeren Motoren in Reihe geschaltet sind und beide Reihen dann parallel liegen (6.7 e, Variante 3). Jetzt ist ein Motorausfall nur noch am Leistungsschwund erkennbar.

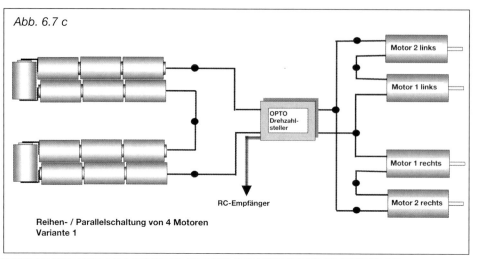

Abb. 6.7 c

OPTO Drehzahl-steller

Motor 2 links
Motor 1 links
Motor 1 rechts
Motor 2 rechts

RC-Empfänger

**Reihen- / Parallelschaltung von 4 Motoren
Variante 1**

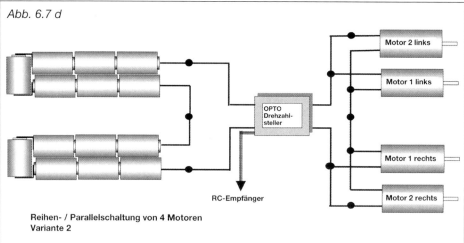

Abb. 6.7 d

OPTO Drehzahl-steller

Motor 2 links
Motor 1 links
Motor 1 rechts
Motor 2 rechts

RC-Empfänger

**Reihen- / Parallelschaltung von 4 Motoren
Variante 2**

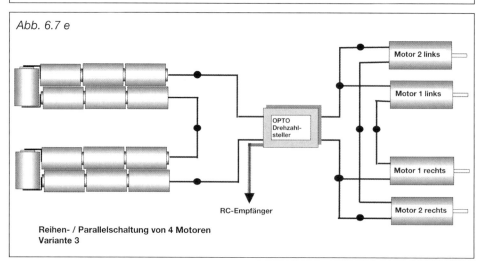

Abb. 6.7 e

OPTO Drehzahl-steller

Motor 2 links
Motor 1 links
Motor 1 rechts
Motor 2 rechts

RC-Empfänger

**Reihen- / Parallelschaltung von 4 Motoren
Variante 3**

Bürstenlose Motoren in mehrmotorigen Antrieben

Bei bürsten- und sensorlosen Motoren beschränkt sich die Chance, mehrere Motoren mit einem einzigen Controller betreiben zu können, weitgehend auf die theoretische Möglichkeit einer möglichen Parallelschaltung. So verbundene Motoren laufen dann – wenn sie es denn tun – absolut synchron.

Versuche, die der Autor mit derartigen „Sparschaltungen" unternahm, gaben jedoch zu einer gewissen Skepsis Anlass. Zwar schaffen es die Controller meistens, aus dem Stand beide Motoren problemlos hochzufahren. Sobald der Antrieb jedoch im Flug abgestellt wurde, die durch den Fahrtwind angetriebenen Propeller die Motoren dann aber frei weiterlaufen lassen, ergeben sich beim Wiedereinschalten erheblich Synchronisationsprobleme. Dadurch können Motoren und Controller beschädigt werden. Wenn dennoch Parallelbetrieb gefahren werden soll, dann ist in jedem Fall durch entsprechende Leerlauftrimmung dafür zu sorgen, dass die Motoren im Flug nie ganz abgestellt werden.

Abb. 6.7-1
CANADAIR CL-415 von Aeronaut mit 160 cm Spannweite wird von 2 AP-29BB-Motoren (3:1 untersetzt) angetrieben. Die Energie kommt aus 10 Zellen 2,0 Ah. Die Motoren sind parallel geschaltet

Abb. 6.7-2
Ju 52, die „3-Mot" an sich. Hier angetrieben von 3 SPEED 400 (7,2 V), die alle 2,5:1 untersetzt Luftschrauben der Größe 9 x 6 Zoll antreiben. Die Motoren liegen parallel an 12 Zellen

Abb. 6.7-3
Gibt es ein schöneres Flugzeug als die zweimotorige D.H. 88 Comet? In den
Motorgondeln dieser Rennmaschine arbeiten zwei bürstenlose LRK 34,5/12-19 Wdg, die
von je einem Controller versorgt werden

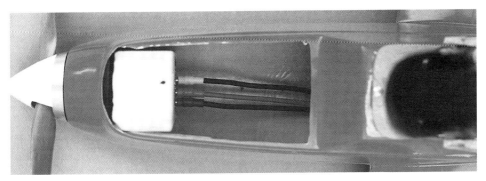

Abb. 6.7-4
Die Controller der D.H. 88 sind im Flügelmittelstück untergebracht. Damit hält sich die Gesamtleitungslänge in Grenzen

6.8   Unterbringungsfragen

Drehzahlsteller zählen zum Bereich „Leistungselektronik", was andeuten mag, dass in der Schaltung nicht unerhebliche Mengen Verluste entstehen können. Paradox erscheinender Weise tritt das Problem besonders dann auf, wenn mit reduzierter Leistung geflogen wird, also bei „Teilgas". Hier sorgen, wie weiter oben bereits angedeutet, die Schaltvorgänge, welche immer eine gewisse zeitliche Dauer haben, für eine erhöhte Verlustleistung. Verschärfend wirkt sich aus, dass Drehzahlsteller bzw. Controller in den letzten Jahren immer kompakter gebaut werden konnten und von Akkus mit ständig steigenden Kapazitäten gespeist werden. Wird die vorwiegend in der Endstufe entstehende Wärme nicht hinreichend schnell abgeführt, steigt die Temperatur des Stellers unaufhaltsam an, bis der eingebaute Thermoschutz den Motor abstellt. Dies geschieht nicht selten zu einem ungünstigen Zeitpunkt, sodass, namentlich bei Motorflugmodellen mit schlechterem Gleitwinkel, eine unplanmäßige (Außen-)Landung droht.

Es ist daher dringend angeraten, den Steller (Controller) so einzubauen, dass er vom Fahrtwind bzw. Propellerstrahl umweht wird.

Gedanken sollte sich der Elektroflieger auch über die notwendige Länge der Kabelverbindungen zwischen Akku, Steller und Motor machen. Sie so kurz wie möglich zu halten ist nicht nur eine Frage der Verlustbilanz (siehe Abschn. 3.2), sondern vermindert gleichzeitig das Störungsrisiko für die Empfangsanlage. Letzteres betrifft vor allem die Leitungen zwischen Steller bzw. Controller und Elektromotor. Sie wirken bei Taktbetrieb wie abstrahlende Antennen, weshalb es nicht schaden kann, sie leicht miteinander zu verdrillen.

Ein anderes Problem erwächst aus der Induktivität der vom Akku kommenden Leitungen. Um sie zu kompensieren, wird am Stellereingang ein Kondensator (oder mehrere davon) angelötet. Da auch er sich dem allgemein üblich gewordenen Miniaturisierungszwang nicht zu entziehen vermag, ist er nur für die Kompensation recht begrenzter Leitungslängen (ca. 20 cm) gerüstet. Manche Hersteller legen daher ein Zusatzexemplar bei, das bei Bedarf vom Anwender zugelötet werden muss. Einfacher indes ist, wenn diese Stützkapazität in die Mitte der verlängerten Leitung gelötet wird.

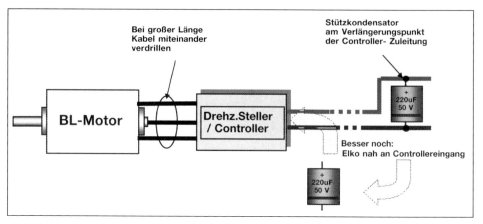

Abb. 6.8 a

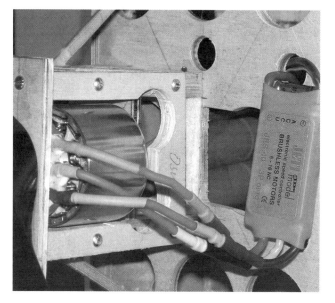

*Abb. 6.8-1
Immer gut untergebracht
ist ein Controller unter der
(gut belüfteten)
Motorhaube in unmittelbarer Nähe zum Motor*

*Abb. 6.8-2
Seines Schrumpfschlauchs
entkleideter Selbstbau-
Controller Speedy BL.
Links der Eingangs-
kondensator. Zuweilen kann
er Verstärkung gebrauchen*

7. Der Elektromotor – eine runde Sache

Etwas Faszinierendes sucht man vergeblich an so einem Elektromotor. Was ist schon dran an einem zylindrischen Teil, an dessen einem Ende ein Stück Welle hervorsteht und dem am anderen einige Kabel entwachsen? Oder ist es vielleicht gerade diese Einfachheit, die Beschränkung auf das Wesentliche, das den Elektromotor zur nahezu perfekten Maschine, eben einer runden Sache macht?

7.1 Gleichstromelektromotor – wie er funktioniert

Alle Elektromotoren basieren auf der magnetischen Kraftwirkung. Dabei sind immer zwei Magnetsysteme, die aufeinander einwirken, im Spiel. Eines davon ist fest mit dem Motorgehäuse verbunden (Statorsystem), das andere ist drehbar um eine Achse gelagert (Rotorsystem). Bei Gleichstrom-(DC-)Elektrotoren ist immer ein System permanent erregt (Dauermagnet), das andere bezieht seine Kraft aus stromdurchflossenen Spulen (Elektromagnet). Es gilt die bekannte Regel, dass ungleiche Pole sich anziehen, gleiche sich gegenseitig abstoßen. Sorgt man nun dafür, dass die Elektromagneten, deren Polarität von der Stromrichtung abhängt, immer dann umgeschaltet werden, wenn die Anziehung ihr Ziel (d.h. größtmögliche Annäherung der ungleichen Pole) erreicht hat, so entsteht eine Drehbewegung, die so lange andauert, wie genügend Strom durch die Spulen fließt.

Bei Gleichstromelektromotoren herkömmlicher Bauart (d.h. mit mechanischer Kommutierung) muss dabei stets das Spulensystem rotieren. Nur so erreicht man eine wenig aufwändige, quasi automatische Polumschaltung. Die rotierenden Elektromagnete bekommen ihren Strom dabei über Schleifkontakte zugeführt. Das sind in diesem Falle mitdrehende Kupferlamellen, auf denen Grafit-(Kohle-)Bürsten gleiten. Immer wenn die ungleichen Pole von Stator und Rotor ihr Ziel, die maximale Annäherung erreichen, wechseln die Bürsten auf ein anderes Lamellenpaar über, wodurch sich die Polarität des Rotors ändert.

Gleichstromelektromotor				
Kommutierung	mechanisch		elektronisch	
Rotoranordnung	innen	außen	innen	außen
Bezeichnung	Eisenankermotor	Glockenankermotor	Innenläufer	Umläufer
Statorerregung	Permanentmagnet	Permanentmagnet	Elektromagnet	Elektromagnet
Rotorerregung	Elektromagnet	Elektromagnet	Permanentmagnet	Permanentmagnet
Besondere Vorzüge	größte Auswahl oft preisgünsig	höchster Wirkungsgrad	höchste spezifische Leistung	höchstes spezifisches Drehmoment
Spezifische Nachteile	begrenzt leistungsfähig Bürstenverschleiß	wenig leistungsfähig nur mit Getriebe sinnvoll	hohes Drehzahlniveau, ggf. Getriebe nötig	mitlaufendes Motorgehäuse

Abb. 7.1 a

Bei bürstenlosen (Brushless- oder BL-)Motoren neuzeitlicher Bauform übernimmt die Elektronik diese Polwechselaufgabe. Ihr wird z.B. durch Sensoren (Hallelemente oder Lichtschranken) die jeweilige Rotorposition mitgeteilt, woraus ein Mikroprozessor dann den richtigen Kommutierungszeitpunkt errechnet.

In der Modelltechnik indes kommen heute fast ausschließlich sensorlose BL-Motoren zum Einsatz. Hier gewinnt der Rechner seine Kommutierungsinformation aus der induzierten Generatorspannung (EMK). Schließlich stellt jeder DC-Elektromotor immer auch gleichzeitig einen Spannungserzeuger dar. Diese EMK ist, je nach Motortyp, bisweilen etwas schwierig zu detektieren und stellt hohe Anforderungen an die Auswerteelektronik sowie die Rechenleistung des Prozessors. Doch finden sich inzwischen eine stattliche Anzahl sog. 3-Phasen-Controller auf dem Modellbaumarkt, die diese Aufgabe sehr zufriedenstellend erledigen.

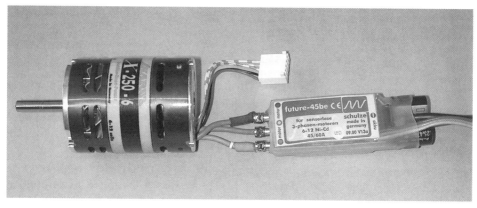

Abb. 7.1-1
Ältere, sensorbestückte Motoren können auch mit einem für den Motortyp geeigneten sensorlosen 3-ph-Controller betrieben werden. Die Sensoranschlüsse bleiben dann einfach unbenutzt. Umgekehrt ist es allerdings nicht möglich, einen sensorlosen Motor mit einem Sensor-Controller zu betreiben

Abb. 7.1-2
Brushless-Controller sind wahre „Transistorgräber". Die Schalter werden hier durch jeweils vier parallel geschaltete SMD-MOSFETs gebildet. Bei Bedarf „stapelt" man mehrere Leistungsplatinen übereinander

106

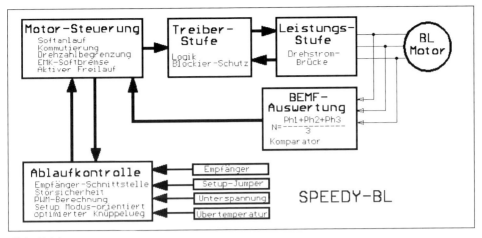

Abb. 7.1 b
Blockschaltbild eines Controllers für Brushless-Motoren

Die Vorzüge der elektronisch kommutierten Maschinen erschöpfen sich dabei nicht im Ersatz des verschleiß- und verlustbehafteten Bürstenapparates durch eine Anzahl Power-MOS-FETs (Silizium statt Kohle), sondern sie eröffnen zugleich einen unvergleichlich breiteren Gestaltungsspielraum für den Konstrukteur. Man kann die Maschine genau so bauen, wie es der spätere Anwendungszweck erfordert. Zudem rotiert bei bürstenlosen (BL-)Motoren grundsätzlich das Permanentmagnetsystem, was die Konstruktion sehr verein-facht und letztlich auch einen höheren Drehzahlbereich erschließen hilft.

Umgekehrt können nun auch, was bei mechanisch kommutierten Motoren stets mit großem Aufwand verbunden war, mehrere Magnetpolpaare in einen Motor eingebaut werden, was das spezifische Drehzahlniveau des Motors senkt und dabei gleichzeitig das spezifische Drehmoment ansteigen lässt.

Grundsätzlich ist es immer schwieriger, jedoch lohnend, die Wellenleistung (P_{mech}), die sich als das Produkt von Drehzahl (n) und Drehmoment (M) darstellt, über ein hohes M zu gewinnen.

Die Wunschliste an einen Motorkonstrukteur sieht deshalb so aus:

• Hoher Wirkungsgrad (Wellenleistung/elektr. Leistung)

• Hohe spezifische Leistung (Wellenleistung/Motormasse)

• Hohe spezifische Leistung (Wellendrehmoment/Motormasse)

Der Schwierigkeitsgrad ist hierbei steigend!

7.1.1 Der Physik ein Schnippchen schlagen?

Die physikalischen Zusammenhänge, nach denen ein Elektromotor die angelegte Spannung in Drehzahl umzusetzen sucht und sich dann das an der Welle abverlangte Drehmoment mit Strom bezahlen lässt, gleichen sich aber bei allen DC-Motorvarianten. Auch kämpfen selbst die modernsten Motorkonzepte mit der physikalischen Tatsache, dass fließender Strom nicht nur ein Magnetfeld, sondern auch Wärme erzeugt, welche als Energieverlust zu verbuchen ist und die Temperatur der Maschine in die Höhe treibt, mitunter sogar Kühlmaßnahmen notwendig macht und damit letztlich die Leistungsfähigkeit des Motors begrenzt. Verluste entstehen auch im Eisen der Magnetsysteme wie auch in den Dauermagneten, wenn sie wechselnden Magnetflüssen ausgesetzt sind.

Diese unbelehrbaren Spielverderber in ihre Grenzen zu weisen zählt zu den eigentlichen Herausforderungen der Motordesigner. Ihre Kunst besteht – vereinfacht ausgedrückt – darin, die Kupferwege so anzulegen, dass sie möglichst kurz und damit widerstandsarm sind, gleichzeitig dabei aber ein maximales Magnetfeld erzeugen. Ähnlich verhält es sich mit den Bahnen, auf denen die magnetischen Feldlinien vom Nord- zum Südpol laufen. Die Felder beider Systeme müssen stark sein (hohe Induktion) und eng miteinander verkettet werden, dürfen also nicht weit streuen. Sie verlaufen deshalb bevorzugt im Eisen. Zudem sind unnötige Feldänderungen, die Eisenverluste generieren können, zu vermeiden. Da die Kraft des Motors aus dem Produkt beider Magnetfelder (Permanent- und Elektro-) resultiert, sucht man den Dauermagnetanteil so groß wie möglich zu machen (seine Erzeugung kostet während des Betriebs keinen Strom). Deshalb auch der bevorzugte Einsatz neuartiger, hochenergetischen Magnetmaterialien wie Samarium-Cobalt (SmCo) oder – besser noch – Neodym (NdFeB). Letztere sind leider nur bis 150 ... 180° temperaturstabil.

7.1.2 Eine kleine Vorstellungshilfe

Um die Zusammenhänge im Inneren eines solchen „Magnettreiblings" vorstellbar zu machen, bedienen wir uns einer Hilfsvorstellung in Form des sog. Ersatzschaltbildes. Es ist zweckentsprechend vereinfacht und enthält im Prinzip nur drei Funktionselemente: Beginnen wir mit G, dem **G**uten im Motor. Dieses Element setzt Spannung verlustfrei in Drehzahl um. Gleichzeitig erzeugt diese Drehzahl umgekehrt auch wieder Spannung. Ein DC-Elektromotor ist ja gleichzeitig immer auch ein Generator und generiert die Spannung U_G. Doch so viel des uneigennützig Guten wäre nicht von dieser Welt. Deshalb „kassiert" G dann auch gleich für das Drehmoment, mit dem wir die Welle belasten, den Preis in Form einer entsprechenden Menge Strom.

Eine Drehung des Rotors erzeugt bereits bei unbelastetem Motor Eisenverluste. Zudem muss natürlich die Lagerreibung (plus evtl. Kollektorreibung) überwunden werden. Das erfordert Drehmoment und zieht einen gewissen Strom nach sich, der schon im Leerlauf, also ohne Last an der Welle fließt, den Leerlaufstrom I_0. Da er eigentlich nichts Nutzvolles bewirkt, wird er im Ersatzschaltbild in einer Art Bypass an G vorbeigeleitet.

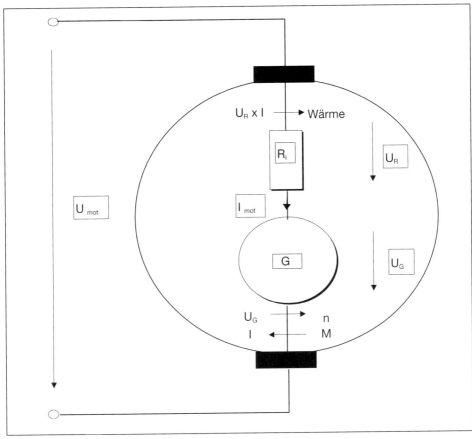

Abb. 7.1.2 a
Ersatzschaltbild des Gleichstromelektromotors

Und dann wäre allerdings noch R_i, der Innenwiderstand des Motors. Er verhext nicht nur den teuren, durch den Motor fließenden Strom (auch den Anteil von I_0) in hässliche Wärme, nein, er „klaut" gleichzeitig noch einen Teil der Spannung ($U_R = I_M \times R_i$), der eigentlich für G und damit die Drehzahlerzeugung gedacht war. Deshalb also wird ein Motor langsamer, wenn wir ihn an der Welle belasten (ihm Drehmoment abfordern). Gelingt es, diesen Spielverderber in seine Grenzen zu weisen, so erhalten wir einen Motor mit „steifer" Drehzahlkennlinie, was meint, dass sich die Motordrehzahl vom Drehmoment an der Welle nicht allzu sehr „herunterziehen" lässt. Solche Motoren langen – umsonst ist nichts – dann aber beim Strom kräftiger zu.

Ein anderes Problem sind die Eisenverluste. Sie wachsen mit der Drehzahl, denn Drehzahl bedeutet häufige Polwechsel des Elektromagneten. Sie lassen sich begrenzen, indem man „magnetisch weiche" Eisensorten verwendet und den Eisenkern nicht massiv macht, sondern in Achsrichtung (!) möglichst fein unterteilt. Die Eisenkerne der Elektromagnete sind deshalb geblecht. Ideal wäre eine solche Unterteilung auch bei den Magneten, denn auch sie sind durch sie Rückwirkung der Elektromagnete wechselnden Magnetflüssen ausgesetzt. Aus Aufwandsgründen unterbleibt diese Magnetzerstückelung meistens.

7.2 Motorkonzepte

Die einzelnen Motorkonzepte, wie sie beim Elektroflug zum Einsatz kommen, sollen hier kurz, mit ihren Vorzügen und Nachteilen, vorgestellt werden. Es sollte dem Leser dabei klar werden: Es gibt nicht **den** besten Motor schlechthin, sondern nur den für die jeweilige Anwendung optimal angepassten.

7.2.1 Eisenankermotor (mechanische Kommutierung)

Er ist der Klassiker. Noch folgen über 90% aller produzierten Elektromotoren diesem Prinzip, auch wenn ihr Anteil rückläufig ist. Wegen der großen Produktionsziffern bleibt der Preis unschlagbar, weshalb wir dieses Standard-Triebwerk bevorzugt in der Eco-Antriebs-Nische, oder aber, aufgrund des großzahligen Bedarfs und der einfachen Steuerungstechnik, bei mehrmotorigen Modellen finden.

Ein tiefgezogenes Eisengehäuse nimmt hierbei die Stator-Dauermagnete (meist aus Bariumferrit) auf. Es dient gleichzeitig als magnetischer Rückschluss und als Halter für das vordere Lager. Auf der Welle sitzt ein meist 3-teiliger Rotor, hier seiner Form wegen als „Anker" bezeichnet. Er trägt die Wicklung, deren Drahtenden zum Kollektor führen. Die auf den Kollektorlamellen schleifenden (Grafit-)Bürsten führen den Strom zu und sorgen zusammen mit den Kupferlamellen für eine zeitgerechte Stromwendung. Aufgrund der großen Ströme bei Elektroflugmotoren darf der Anpressdruck wie auch die Übergangsfläche der Kohlen nicht zu klein werden, was nicht ganz unbeträchtliche Reibungsverluste nach sich zieht.

Ein prinzipieller Nachteil dieses Motortyps besteht darin, dass bei jeder Polwendung der Eisenkern des Rotors ummagnetisiert werden muss. Als Verlustbringer gelten auch die langen diagonal durch den Anker verlaufenden Eisen-

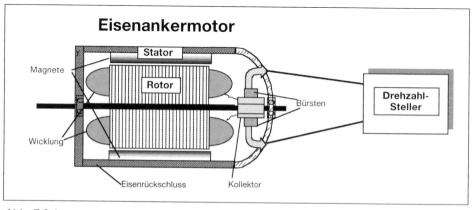

Abb. 7.2.1 a

wege, die außerdem über den gesamten Rückschlussring verlaufen. Dieser muss daher eine große Materialstärke aufweisen, was das Motorgewicht erheblich beeinflusst. Zuweilen wird daher ein zusätzlicher Eisenring (Rückschlussverstärkerring) mitgeliefert. Eisenankermotoren erreichen bei Wirkungsgrad, Leistungs- wie auch Drehmomentdichte keine Bestnoten. Auch bleibt die Anzahl der Kommutator- bzw. Rotorsegmente nicht ohne Auswirkung auf die maximal mögliche Motorspannung: Einfache Motoren mit 3-teiligem Anker sollten mit nicht mehr als 10 (12??) Zellen betrieben werden.

Abb. 7.2.1-1
Einfacher preisgünstiger Großserienmotor
mit 3-teiligem Eisenanker

7.2.2 Glockenankermotor (mechanische Kommutierung)

Der Problematik der Eisenverluste rückt man mit dem Glockenankermotor zu Leibe, der über einen eisenfreien Rotor verfügt. Dies ist eine selbsttragende, vergossene (meist GfK-verstärkte Spule in Form einer Glocke (daher die Bezeichnung), die sich im Luftspalt eines Magneten dreht. Letzterer ist hier zentral angeordnet. Auch hier schließt sich der magnetische Kreis über das Motorgehäuse. Vorteil: Der eisenlose Rotor erzeugt keine Eisenverluste. Nachteil: Durch den breiten Luftspalt (indem sich ja die Spule frei bewegen können muss) ist die magnetische Induktion geringer, was nur z.T. durch einen größeren (leider auch schwereren), hier zentral angeordneten Magneten kompensiert wird.

Glockenankermotoren können aufgrund nahezu ausbleibender Eisenverluste in modellüblicher Größe Wirkungsgrade von über 90% erreichen, die sich allerdings nur bei geringen Strömen ergeben. Ideal ist so ein Motor für Solarflug und alle Anwendungen, bei denen es auf maximale Energienutzung bei vergleichsweise bescheidener Leistung ankommt. Denn die freitragende Spule verträgt weder sehr hohe Drehzahlen noch wird ein „sattes" Drehmoment erzeugt. Zum Antrieb großer wirkungsgradgünstiger Luftschrauben ist immer ein hoch untersetzendes Getriebe (Planetensatz) erforderlich. Um einen Glockenankermotor zu drosseln, bedarf es wegen der geringen Induktivität der frei im Luftspalt liegenden Spule eines speziellen Stellers mit erhöhter Taktfrequenz (>20 kHz).

111

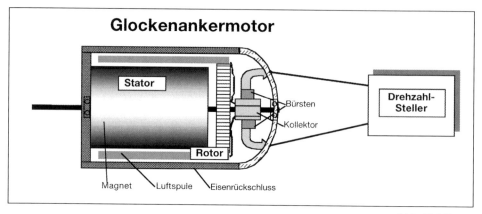

Glockenankermotor

Stator

Bürsten

Kollektor

Drehzahl-Steller

Rotor

Magnet   Luftspule   Eisenrückschluss

Abb. 7.2.2 a

22-30-4-0

Abb. 7.2.2-1
Glockenankermotoren – beliebt bei Solar-
und Saalfliegern

7.2.3   2-Pol-Innenläufermotor mit Luftspaltwicklung

Er stellt die konstruktiv einfachste elektronisch kommutierte Motorvariante dar.
Im simpelsten Fall besteht der Rotor aus einem massiven Neodym-Zylinder, der
diametral (also quer über den Durchmesser) magnetisiert ist. Der Stator benötigt
hier eine recht große Materialstärke und setzt sich aus fein geblechten Ringen
zusammen, die man sich wie aus einer angereihten Anzahl Unterlegscheiben vorstellen kann. Zwischen beiden liegen einige Millimeter Luftspalt, welchen bis auf
einen sehr schmalen, verbleibenden Rest (damit sich der Rotor noch frei drehen
kann) die vergossene Wicklung ausfüllt. Die Spulenstränge sind dabei so „flach
gedrückt", dass jede Magnetspule 120° (genauer 2 x 60°) des Wickelraums ausfüllt.

Abb. 7.2.3-1
Aufgeschnittener LMT-
Motor. Gut erkennbar der
verhältnismäßig kleine
Durchmesser des seg-
mentierten Rotors. Der
äußere Rückschlussring
muss infolge des langen
magnetischen Kreises
sehr dick sein.
Dazwischen gequetscht:
die Luftspaltwicklung

Abb. 7.2.3-2
Zweipol-Innenläufer mit angeflanschtem 4,4:1-Planetengetriebe von Simprop (oben) und Hacker

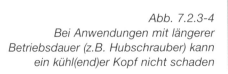

Abb. 7.2.3-4
Bei Anwendungen mit längerer
Betriebsdauer (z.B. Hubschrauber) kann
ein kühl(end)er Kopf nicht schaden

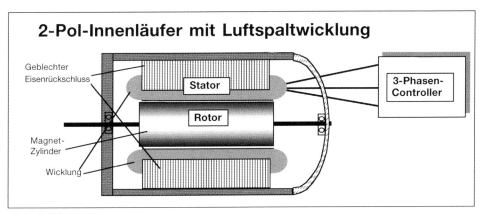

2-Pol-Innenläufer mit Luftspaltwicklung

Geblechter
Eisenrückschluss

Stator

3-Phasen-
Controller

Rotor

Magnet-
Zylinder

Wicklung

Abb. 7.2.3 a

Aufgrund des kleinen verbleibenden Rotorradius sowie der infolge eines großen Gesamtluftspalts vergleichsweise geringen Induktion bleibt das Drehmoment bei solchen Motoren eher bescheiden. Gleichzeitig aber scheint die Drehfreude eines solchen Motors nahezu unbegrenzt (bis 100 000 min^{-1} und mehr), wodurch sich letztlich eine sehr hohe Leistungsdichte und ein maximaler Wirkungsgrad ergeben kann. Dabei ist allerdings ein nachgeschaltetes Planetengetriebe in den meisten Fällen ein Muss. Unterhalb von 20 000 min^{-1} macht diese Motorspezies wenig Sinn. Für Direktantrieb bewähren sie sich daher nur bei kleinen schnelllaufenden Luftschrauben (Pylonmodelle) oder bei Impellerantrieben.

Etwas problematisch ist bei dieser Bauform die Kühlung des innen liegenden Rotors, der von der Spule über den schmalen Luftspalt hinweg aufgeheizt wird und, namentlich bei länger dauerndem Taktbetrieb, selbst auch Eisenverluste produziert. Eine Verbesserung bewirkt hier die Unterteilung des Rotorzylinders in einzelne (dünne!) Scheibchen. Extrem hohe Spitzenleistungen verkraften solche Maschinen generell besser als lang dauernde Belastungen mit mittleren Strömen. Sie fühlen sich daher in Hotline-Seglern, Speedmodellen und Impeller-Jets sehr wohl.

7.2.4 Mehrpoliger Innenläufermotor mit Nutenwicklung

Um den prinzipbedingten Drehmomentmangel des Innenläufers zu kurieren, wendet man eine Doppelstrategie an: Zum einen verdrängt man die Wicklung weiter nach außen, legt sie in Nuten, die in den Rückschlussring eingelassen sind. Damit wird ein größerer Rotordurchmesser (Hebelarm) möglich.

Durch eine gleichzeitige Erhöhung der Polzahl (meist in Stator und Rotor) teilt sich der magnetische Gesamtfluss nun in mehrere Teilflüsse auf. Damit verkürzen sich auch die magnetischen Kreise, denn die Feldlinien müssen nun nicht mehr zu gegenüberliegenden Polen mitten durch den Rotor hindurch, sondern nur noch nach „nebenan". Durch die damit reduzierte Eindringtiefe braucht der Rotorkern auch im Inneren nicht mehr aus (schwerem) Eisen zu bestehen. Es genügt vielmehr ein hohles Eisenrohr, das an den Enden wie eine Trommel von

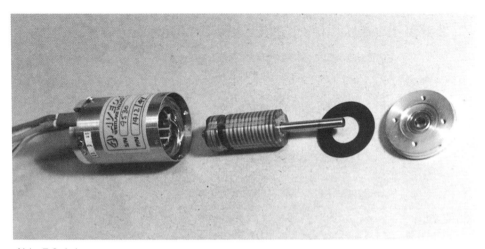

Abb. 7.2.4-1

AVEOX-Motor mit 4-Pol-Rotor. Die Magnete sind durch Kevlar-Bandagen gegen Fliehkraft gesichert

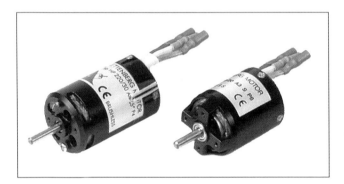

Abb. 7.2.4-2
4-bzw. 6-polige Innenläufer von Plettenberg

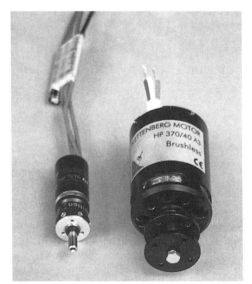

Abb. 7.2.4-3
HP 370/40/A3, z.Z. größter Innenläufer mit 37-mm-Trommelanker und 40 mm Magnetlänge, für Direktantrieb konzipiert, im Größenvergleich zum kleinsten LMT10/15 mit Reisenauer-Getriebe

116

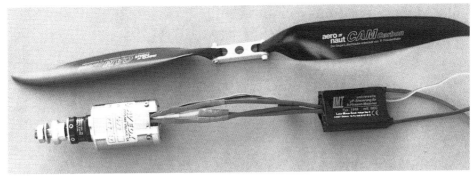

Abb. 7.2.4-4
Zum Betrieb großer Propeller bedarf es auch bei 4-poligen Innenläufern noch der vermittelnden Dienste eines Planetensatzes. Übrigens: Nicht immer arbeiten BL-Motoren mit Controllern anderer Fabrikate reibungslos zusammen

dünnen Aluscheiben gehalten wird. Auf dieses sind meist sehr dünne Magnete aufgeklebt. Trotz so eingespartem Magnetmaterial steigt die magnetische Induktion, denn die Feldlinien brauchen nicht mehr wie bei 7.2.3 die dicke Luftspaltwicklung zu durchdringen; sie verlaufen also weitestgehend im Eisen.

Marktgängig sind Maschinen mit 4, 6, 8 und, bei großen Motoren, auch 10 Polen. Die Polpaarzahl wirkt, zumindest die Drehzahl betreffend, wie eine Art „elektrisches Untersetzungsgetriebe". Bei 10 Polen wäre dies also 5:1. Damit ergibt sich eine sehr stattliche Drehmomentdichte. Zwar erreichen auf Drehmoment „getrimmte" Innenläufer nicht ganz die fantastischen Wirkungsgradwerte der 2-Pol-Maschine. Dies allerdings wird vielfach durch den möglichen Verzicht auf ein nachgeschaltetes Getriebe ausgeglichen. Auch können „Waschmaschinen" (so der Spitzname) aufgrund des Trommelrotors nicht gerade mit optimaler Raumnutzung punkten, denn im Anwendungsfall Elektroflug sind große Gehäusedurchmesser oftmals unerwünscht. Und weil die auf der Trommelaußenfläche befestigten Magnete fliehkraftbelastet sind, müssen sie für hohe Drehzahlen speziell durch Kevlarbandagen gesichert werden, was den konstruktiven Aufwand weiter steigert.

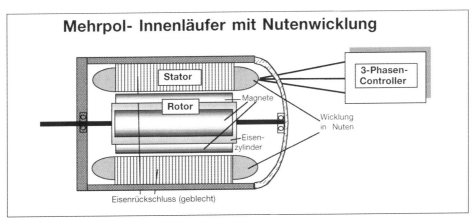

Abb. 7.2.4 a

7.2.5 Innenläufer mit rotierendem Rückschluss

Immer, wenn Eisen von wandernden Magnetfeldern durchdrungen wird, entstehen Eisenverluste (dabei kommt es auf die Relativbewegung zwischen Feldlinien und Eisen an). Diese treten bei vorstehenden Motoren vor allem im äußeren Rückschluss auf, wird dieser doch von den Feldlinien des innen rotierenden Magneten förmlich durchpflügt. Eine solche Relativbewegung lässt sich verhindern, wenn man den Rückschluss einfach mitdrehen lässt. Man hat nach diesem System einen bürstenlosen Glockenankermotor vor sich, bei dem allerdings die ursprünglich beweglichen und die fest stehenden Teile ihre Rollen vertauscht haben. Die nunmehr stillstehende Wicklungsglocke ist nun keinen Fliehkräften mehr ausgesetzt, dafür die Magnete, was aber leichter beherrschbar ist.

Aufgrund des größeren Luftspalts (hierzu zählt alles, was nicht Eisen ist) werden dickere Magnete benötigt. Dennoch kann dieses Motorkonzept in Sachen

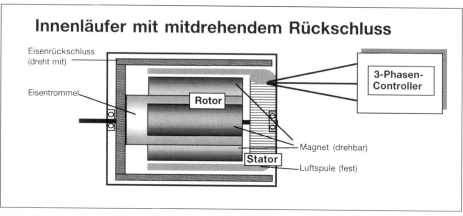

Abb. 7.2.5 a

Abb. 7.2.5-1
Mit dem Wirkungsgrad auf Tuchfühlung – Tango von Kontronik. Hier dreht sich der magnetische Rückschluss mit

Abb. 7.2.5-2
Tango intern: (von unten
nach oben) 6-poliger
Rotormagnet mit großer
Magnetdicke, Stator-
Luftspule, mitdrehender
Rückschluss, Gehäuse

Leistungs- und Drehmomentdichte keine Höchstleistungen vollbringen. Spitze ist allerdings der Wirkungsgrad, solange die Ströme moderat bleiben. Frei von Eisenverlusten ist der Motor allerdings nur, wenn die anliegende Motorspannung nicht getaktet wird (also bei „Vollgas"). Auch muss, wie schon beim Glocken-ankermotor, die Taktfrequenz des Controllers aufgrund der geringen Motor-induktivität stark erhöht werden (üblich 32 kHz).

7.2.6 Außenläufer

Sein Aufbau ähnelt stark einem Eisenankermotor, nur, dass hier das innere Teil zum Stator, das äußere zum Rotor wird. Verglichen mit dem mehrpoligen Innenläufer bringt der Umlaufmotor, wie diese Maschine auch genannt wird, aber bessere Grundvoraussetzungen für die Drehmomenterzeugung mit. So liegen hier die viel Platz beanspruchenden Spulen im Inneren, während die (aufgrund des schmalen Luftspalts) dünnen Dauermagnete außen liegen können. Der Luftspalt, in dem die magnetischen Kräfte wirken, wandert damit weitestmöglich nach außen. Zudem werden die temperaturempfindlichen Neodymmagnete nun optimal gekühlt und müssen nicht gegen die Fliehkraft gesichert werden. Eine noch höhere Drehmomentdichte gewinnt auch der Außenläufer über die Erhöhung der Polzahl. Weil die Magnete auf einer maximalen Umfangsfläche ver-teilt sind, ist auch eine noch höhere Polpaarzahl realisierbar, ohne dass die Abstände zwischen den einzelnen Magneten zu eng werden.

Für solche Motoren gibt es keine Getriebe, sie brauchen keines. Der Propeller wird meist direkt am rotierenden Gehäuse festgeschraubt. Außenläufer haben andererseits den unbestreitbaren Nachteil, eben außen zu laufen, was nament-lich in engen Seglerrümpfen besondere Einbaumaßnahmen erforderlich macht. Der rückseitige Befestigungsflansch prädestiniert sie als ideale Triebwerke für Motormodelle, bei denen der Motor z.B. an Streben aufgehängt ist. Der mögliche

Direktantrieb großer Luftschrauben macht es auch locker wett, wenn der Wirkungsgrad eines solchen Motors einige Prozentpünktchen hinter den schnellen (!) Innenläufern zurückbleibt.

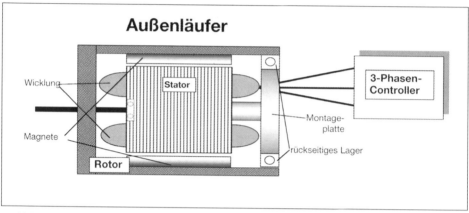

Abb. 7.2.6 a

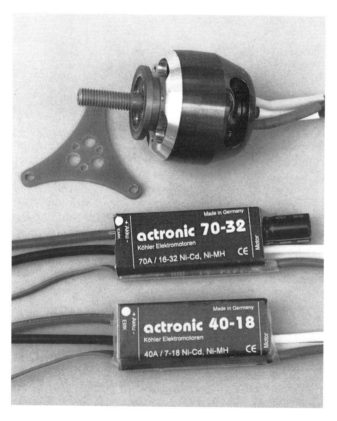

*Abb. 7.2.6-1
Außenläufermotor actro
12 mit GfK-Montagestern
und dazu passenden
actronic-Controllern für
verschiedene
Leistungsklassen*

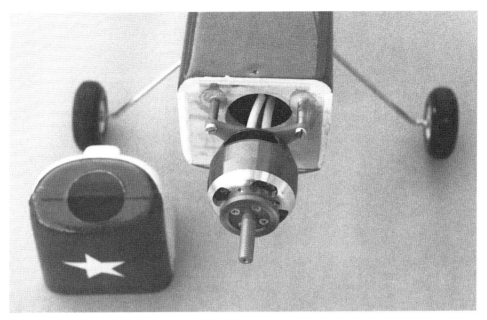

Abb. 7.2.6-2
Besonders günstig ist die Montage eines Außenläufers bei Modellen, die ursprünglich für VB-Motoren konzipiert waren. Passend ist übrigens auch die Leistung!

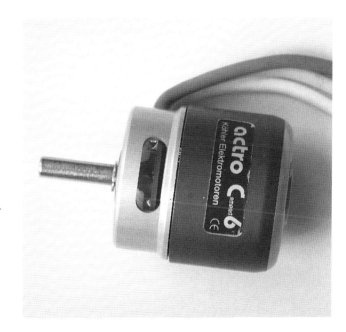

Abb. 7.2.6-3
Köhlers actro compakt entspricht in seinem inneren Aufbau einem LRK-Motor. Aufgrund außerordentlich guter Blechqualität ist dieser Außenläufer auch für Drehzahlen >15 000 min^{-1} gut

7.2.7 LRK*-Außenläufer

Als außergewöhnlich drehmomentstark präsentiert sich die LRK-Variante des Außenläufermotors. Seine Besonderheit liegt im Polverhältnis zwischen Stator (12-polig) und Rotor (14-polig). Bei jedem Schaltzyklus wird hierbei der Rotor nur um den Differenzbetrag der einzelnen Polteilungen (ca. 8,5°) weitergedreht, benötigt somit 42 elektrische „Takte" für eine volle Umdrehung. Die Statorteilung bringt es zudem mit sich, dass je 180° versetzt symmetrische Kräfte auf den Rotor wirken, dieser also einseitig (kragend) gelagert werden kann. Hierdurch, und aufgrund der kurzen Abstände zwischen den Magneten, kann der Rotor aus sehr dünnwandigem Material (ca. 1 mm) gebaut werden. Dies alles verhilft dem LRK-Außenläufer zu einem messbaren Gewichtsvorteil und damit letztlich zu einer hohen Leistungs- und einer geradezu optimalen Drehmomentdichte. Der Wirkungsgrad erreicht aufgrund erhöhter Eisenverluste nicht die fantastischen Werte schnell drehender Innenläufer. Da der hier beschriebene Motor mit hoher „innerer Untersetzung" arbeitet, ergibt sich im Umkehrschluss die Notwendigkeit einer hohen Polwechselfrequenz des angeschlossenen Controllers. Dies bedingt auch die Verwendung magnetisch verlustarmer, dünner Statorbleche. Aus diesen Gründen fühlen sich LRKs bei kleinen Drehzahlen (<15 000) am wohlsten.

Wegen seiner mechanisch einfachen Konstruktion begann die modelltechnische Karriere dieser Maschine auch als Selbstbaumotor (Bauvorschlag des Autors in elektro*Modell* 4 /2000, 1/2001 und 2/2001). Zudem ermöglicht das LRK-Prinzip verschiedenartige Möglichkeiten der Propellermontage: Zum einen kann der Propeller in klassischer Außenläufermanier direkt am Gehäuse befestigt werden, andererseits ist umgekehrt auch ein Wellenanschluss über einen normalen Mitnehmer möglich, was besondere Einbauvorkehrungen überflüssig werden lässt.

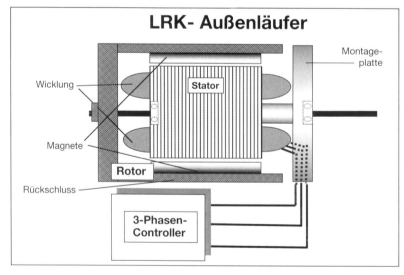

Abb. 7.2.7 a

---

* Die Bezeichnung LRK geht auf das Konstruktionsteam Lucas, Retzbach und Kühfuß zurück, die dieses 1994 in Polen patentierte Motorprinzip für den Modellflug weiterentwickelten.

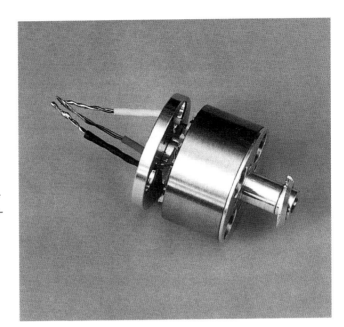

Abb. 7.2.7-1
Der Ur-LRK mit stehender
Welle und durch den rück-
seitigen Befestigungs-
flansch geführten
3-ph-Anschlüssen. Der
Propeller wird hier direkt
mit dem rotierenden
Motorgehäuse ver-
schraubt

Abb. 7.2.7-2
Vorne zugespitzt: AXI 2820/10 brushless aus Tschechien, ein waschechter LRK, günstiger
Preis und ausgewogene Eigenschaften

Abb. 7.2.7-3
LRK-Rotor mit 14 innen liegenden Neodym-Magneten

Abb. 7.2.7-4
Das LRK-Gehäuse (hier Version mit drehender Welle) besteht nur aus wenigen Teilen.
Daher ist der Motor auch für Selbstbau geeignet

Abb. 7.2.7-5
LRK von Flyware im Logo 10

7.3 Kenngrößen – sie machen den Motor berechenbar

Natürlich kann man einen Elektromotor auch mit Worten wie „powerstark, dreh-
freudig und stromsparend" beschreiben. Besser jedoch ist es, die jeweiligen
Eigenschaften differenziert und genau benennen zu können.

7.3.1 Nennspannung U_{nenn}

Meist ist sie auf dem Motoretikett aufgedruckt. Immer kann man einen
Elektromotor auch mit anderen Spannungen betreiben, wobei im Elektroflug
eigentlich nur höhere Werte Sinn machen. Die Grenzen liegen in der
Drehzahlfestigkeit der Konstruktion und – bei mechanisch kommutierten
Motoren – in der Anzahl der Kollektorsegmente.

Wichtig ist die Nennspannung U_{nenn} deshalb, weil sich auf diesen Wert andere
Nenngrößen beziehen, wie etwa die Leerlaufdrehzahl n_0, der Leerlaufstrom I_0
und auch der Anlaufstrom I_A.

7.3.2 Nenndrehzahl n_0

Meist wird als Nenndrehzahl die Leerlaufdrehzahl bei Nennspannung angegeben. Einige Hersteller (z.B. LMT) definieren sie als Drehzahl bei maximalem Wirkungsgrad.

7.3.3 Spezifische Drehzahl n_s

Sie gibt an, wie viele Umdrehungen pro Minute ein Elektromotor je Volt angelegter Spannung im unbelasteten Zustand (Leerlauf) absolviert. Angegeben wird sie daher in min^{-1}/V bzw. $min^{-1} \times V^{-1}$. Sie lässt sich leicht berechnen:

$$n_s = \frac{n_o}{U_{nenn}}$$

Wenn z.B. die bei Nennspannung 7,2 V gemessene Drehzahl 17 900 min^{-1} beträgt, so ergibt sich für ns ein Wert von 17 900 $min^{-1}/7,2$ V = 2486 min^{-1}/V. Motoren mit mehr als 2000 U/V können als Schnellläufer bezeichnet werden. Sie kommen für Direktantrieb kaum noch in Frage. Ganz genau betrachtet, müsste

Abb. 7.3.3-1
Brushless/sensorless-Motorserie von Kontronik. Die letzte Zahl gibt Aufschluss über die spez. Drehzahl. -33 bedeutet z.B. 3300 min^{-1} pro Volt. Dazu das passende Planetengetriebe

man diesen Wert noch um den Einfluss des Leerlaufstroms korrigieren, was hier aber in der Hobbypraxis vernachlässigt werden kann.

Direkten Einfluss auf die spez. Drehzahl hat übrigens die Windungszahl der Magnetspule: Wird sie halbiert, verdoppelt sich n_s. Gleiches gilt für die magnetische Induktion: Je stärker der Magnetfluss, desto geringer die spez. Drehzahl.

7.3.4 Wirkungsgrad η (eta)

Wie weiter oben bereits erwähnt, stellt ein hoher Wirkungsgrad eines der wichtigsten Konstruktionsziele dar. Meist wird der Spitzenwert angegeben. Schön, wenn wenigstens noch gesagt wird, bei welcher Spannung gemessen wurde. Da η stark vom jeweiligen Arbeitspunkt abhängt, ist seine Angabe nur in Zusammenhang mit den zugehörigen Betriebsdaten (U_{mot}, I_{mot} bzw. n) seriös und sinnvoll. Umgekehrt ist es anzuraten, einen Motor so zu betreiben, dass der Arbeitspunkt möglichst nahe am Wirkungsgradmaximum liegt. Wegen des hohen Leistungsbedarfs beim E-Flug liegt der Betriebspunkt dann sinnvollerweise leicht oberhalb des Maximums.

Rein rechnerisch ist der Wirkungsgrad der Quotient von abgegebener zu zugeführter Leistung. Der Unterschied zwischen beiden beziffert die Verluste.

$$\eta = \frac{\text{abgeg. Leistung}}{\text{aufgen. Leistung}} = \frac{(P_{mech})}{(P_{el})} = \frac{U_{mot} \times I_{mot}}{n \times M \times 0{,}105^*}$$

* Faktor 0,105 dient der Umrechnung von der Winkelgeschwindigkeit rad/s in Umdr./min

Damit lassen sich n in min^{-1} und M in Nm einsetzen.

Der Wirkungsgrad eines Motors ist dort am höchsten, wo die stromabhängigen Verluste (hauptsächlich Kupferverluste) und drehzahlabhängigen Verluste (hauptsächlich Eisenverluste) gleich groß sind.

7.3.5 Leerlaufstrom I_0

Er deckt den Drehmomentbedarf der – so vorhanden – Bürstenreibung und zu einem sehr geringen Teil auch der Lager- und Luftreibung. Der Löwenanteil geht jedoch auf das Konto der Eisenverluste.

Schnellläufer mit (weniger Windungen) benötigen einen größeren Leerlaufstrom.

Der Leerlaufstrom bezieht sich immer auf die Nennspannung. Er wächst mit steigender Spannung, allerdings nicht proportional.

7.3.6 Blockierstrom (Anlaufstrom) I_A

Maximal möglicher Strom durch einen Motor bei Nennspannung; er wird allein durch den Innenwiderstand R_i des Motors begrenzt. Letzterer setzt sich bei mechanisch kommutierten Motoren aus dem (Übergangs-)Widerstand des Kollektors und der Bürsten sowie (hauptsächlich) dem Kupferwiderstand der Wicklung zusammen. Er kommt bei stehendem (blockiertem) Rotor und damit kurzzeitig im Anlaufmoment zustande und kann bei leistungsfähigen Motoren (theoretisch) 3-stellige Amperewerte erreichen. Im praktischen Betrieb sorgen daher Drehzahlsteller bzw. 3-Phasen-Controller oftmals für ein Limit.

7.3.7 Strom bei maximalem Wirkungsgrad I_{opt}

Es ist der Stromwert, den man im Betrieb anstreben sollte. Gerade bei einfach gebauten Großserienmotoren liegt der Wert meist viel zu niedrig.

$$I_{opt} = \sqrt{I_o \times I_A}$$

7.3.8 Motorkennlinien

Im vorliegenden Diagramm sind beispielhaft die typischen Kurvenverläufe von n, M, P_{mech} und eta über dem Motorstrom aufgetragen.

Man erkennt: Das Drehmoment steigt nahezu linear mit dem Strom, während die Drehzahl in gleicher Richtung sinkt. Bei $P_{mech\ max}$ erreicht der Motor seine höchstmögliche Nutzleistung. Es hat keinen Sinn, ihn noch höher zu belasten, denn von dort an wird er bei wieder fallender (!) Wellenleistung nur noch wärmer.

Betrachten wir die eta-Kurve: Unterhalb von eta_{max} macht Fliegen wenig Sinn; es fehlt an Leistung und wir laufen zudem Gefahr, mit der Wirkungsgrad-Kurve nach links „abzustürzen". Der für Elektroflug nutzbare Bereich liegt also zwischen eta_{max} und P_{max}, wobei die Einschaltdauer umso kürzer werden sollte, je weiter wir uns von eta_{max} entfernen.

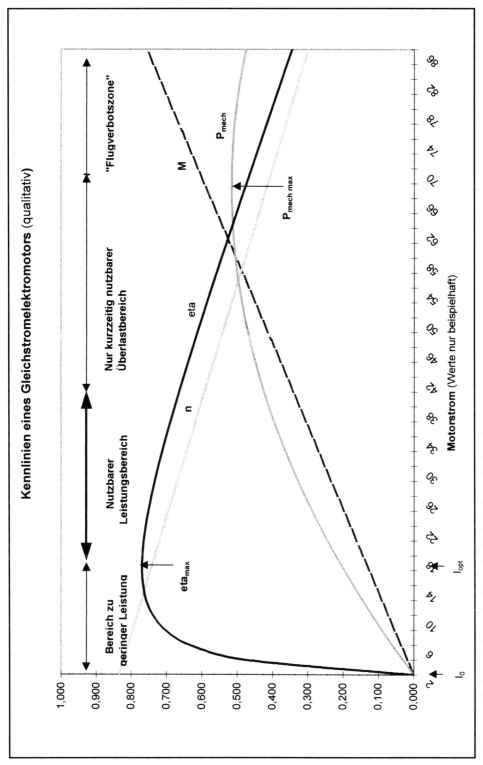

Abb. 7.3.4 b Kennlinienverlauf (qualitativ) bei einem Elektroflugmotor

7. 4 Timing – die Lehre vom rechten Zeitpunkt

7.4.1 Einstellen von Motoren mit mechanischer Kommutierung

Da die Grundrichtungen von Stator- und Rotorfeld um 90 Grad gegeneinander versetzt sind, bildet sich ein resultierendes Gesamtfeld, das „irgendwie schräg" steht. Sein Neigungswinkel hängt vom Momentanwert des Motorstroms ab, der ja für eines der Felder verantwortlich ist. Daher wird das resultierende Magnetfeld lastabhängig verdreht. Sichtbar wird diese Feldverdrehung bei Maschinen mit beweglich gelagertem Rückschlussring. Dieser wandert dann lastsynchron hin und her. Genau genommen müsste sich zwecks zeitrichtiger Kommutierung auch der Bürstenapparat mit verdrehen, was bisher technisch aber noch nicht mit vertretbarem Aufwand realisierbar ist. Er wird daher manuell (herstellerseitig oder vom Anwender) so voreingestellt, dass die Kommutierung für den betriebstypischen Belastungsfall stimmt. Bei davon abweichenden Belastungen bleibt der sich einstellende Fehler dann (hoffentlich!) in maßvollen Grenzen. Ein Kompromiss, fürwahr, aber nötig, wenn, wie im Elektroflug üblich, die Motoren oftmals bis an die Grenze ihrer Belastungsfähigkeit beansprucht werden.

Großserienmotoren fernöstlicher Provenienz sind meist nicht voreingestellt. Sie haben damit auch keine Vorzugslaufrichtung. Um dies zu ändern, verdreht bzw. versetzt man bei betriebstypischer Last das hintere Lagerschild **gegen die Laufrichtung**, und zwar so lange, bis das Bürstenfeuer an der ablaufenden Kohlenkante ein Minimum erreicht. Drehzahl und Stromverbrauch werden dabei leicht zunehmen. Speziell für Modellantriebe konzipierten Elektromotoren verpasst bereits der Hersteller bei der Endmontage den richtigen „Dreh" und entlässt sie damit in der Regel als Rechtsläufer ins Fliegerleben. Soll bei ihnen die

Abb. 7.4-1
Manche Motoren tragen eine Skala zur Verstellung des Timings

Laufrichtung geändert werden, muss der Bürstenkopf entsprechend in die andere Richtung verdreht werden, bis … (siehe oben). Würde der Bürstenapparat am alten Platz verbleiben, so fände der Polwechsel nun zum völlig falschen Zeitpunkt statt, mit der Folge verminderter Leistung, vor allem aber einer verstärkten Funkenbildung am Kommutator. Dies gilt übrigens auch für elektronisch kommutierte Motoren, obwohl die „Funken" dort unsichtbar bleiben.

Leider ist diese Verstellmöglichkeit nicht bei allen Motoren auf einfache Weise möglich, weil die Kohlenträgerplatte bzw. das Lagerschild fest verschraubt oder verstiftet sind. Wer hier den Aufwand, neue Löcher bohren zu müssen, scheut (Vorsicht; Eisenspäne von Magneten fernhalten!!!), sollte die Änderung beim Hersteller vornehmen lassen.

7.4.2 Timingeinfluss bei sensorlosen Brushless-Motoren

Auch bei sensorlosen Motoren spielt der korrekte „Zündzeitpunkt" eine wichtige Rolle. Der benötigte Wert der „Vorzündung" hängt nicht unwesentlich vom Motorkonzept ab. Die Verstellung erfolgt hier natürlich nicht im Motor selbst, sondern im Controller (dort wird ja kommutiert).

Beim Brushless dient das Timing hauptsächlich der Korrektur des induktiv bedingten verspäteten Stromeinsatzes. Zweipolmotoren mit Luftspaltwicklung nach 7.2.3 kommen gewöhnlich mit einer sehr „zahmen" Vorzündung (2 bis 10°) aus. Wählt man bei ihnen den Kommutierungszeitpunkt zu früh, so bedeutet das (wie bei Kollektormotor) eine Drehzahlzunahme auf Kosten des Drehmoments; verbunden auch mit leichten Einbußen beim Wirkungsgrad.

Motoren mit hoher Polzahl (und höherer Induktivität; Extremfall LRK) benötigen „von Haus aus" ein früheres Timing. Hier sind „Vorzünd"-Werte von 10 bis 30° üblich. Bei zu spätem Timing können die Motoren bei hohem Strom außer Tritt fallen. Daher gehen immer mehr Hersteller dazu über, ihre Controller programmierbar zu machen. Vier-Schritt-Verstellmodi sind üblich und ausreichend.

7.5 Motorentstörung – wie wir ihm funktechnische Zurückhaltung auferlegen

Am Kollektor eines Modellantriebsmotors geht es im Wortsinne heiß her. Das ständige Umpolen von Magnetspulen erzeugt Schaltfunken, in deren physikalischer Natur es liegt, ein breites Spektrum an Störstrahlen auszusenden. In diesem Spektrum finden sich auch Frequenzen, auf welche der RC-Empfänger „ärgerlich" reagiert. Das Problem verschlimmert sich, wenn, wie beim Modellflug gegeben, der Störsender räumlich viel näher am Empfänger operiert als der Sender mit dem Nutzsignal. Es ist also Sorge zu tragen, dass diese Störstrahlung

- so gering wie möglich bleibt,
- am Verlassen des Motors gehindert wird.

Unnötig viel Störstrahlung wird produziert, wenn der Kommutator nicht richtig rund läuft, die Kohlen nicht ständig anliegen (infolge zu hoher Drehzahl, klemmender Kohleführung, abgenutzter Kohlen oder zu geringen Federdrucks) oder die Motorspannung für die vorhandene Anzahl von Kommutatorsegmenten zu hoch liegt.

Am Verlassen des Motors gehindert wird die Störstrahlung am effektivsten, indem man sie möglichst nahe am Ort des Entstehens vernichtet. Dies geschieht durch Kondensatoren, die Gleichstrom blockieren, die bei hohen Frequenzen aber nahezu einen Kurzschluss bilden. Normalerweise sind diese bereits im Motorgehäuse eingebaut, was die wirksamste Form der Entstörung darstellt. Wenn dies nicht der Fall sein sollte, müssen Kondensatoren wie in Abb. 7.5 a dargestellt **direkt** an die Motoranschlüsse gelötet werden.

 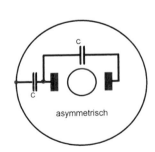 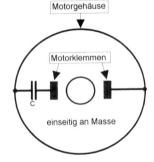

Symmetrische Anordnung
von C ist zu bevorzugen

C = 10 bis 100 nF (je mehr Kommutatorsegmente, umso kleiner darf C sein)

Abb. 7.5 a

132

Früher empfahl man in besonders hartnäckigen Fällen noch zusätzliche Entstördrosseln, welche dann in die Motorzuleitungen geschaltet wurden. Es zeigt sich aber immer wieder, dass bei nicht ausreichender Entstörung nach Abb. 7.5 a (links) die Ursache eher im Bereich der Kommutierung zu suchen ist.

7.6   Motorberechnung – mit und ohne Computer

Ein Elektromotor gehorcht klaren physikalischen Gesetzen. Somit ist es möglich, sein Verhalten für bestimmte Betriebszustände (U_{mot}, I_{mot}) im Voraus zu berechnen, sofern die Motorkennwerte (n_s bzw. k_M, R_i und I_0) bekannt sind. Hierauf basieren zahlreiche Motoren- (plus Propeller-) Berechnungsprogramme, die auf Diskette oder im Internet angeboten werden. Der praktische Nutzen derartiger Softwarehilfen steht und fällt grundsätzlich mit der Qualität der ermittelten Kennwerte, die man keineswegs ungeprüft allein den Katalogangaben der Firmen entnehmen sollte.

Wie diese Kennwerte in praxisbezogener Näherung gewonnen werden können, wurde in den vorherigen Abschnitten gezeigt. Doch für Berechnungen (in des Wortes unverfälschtem Sinne) reichen diese einfachen Verfahren nicht aus. Eine exakte Ermittlung gestaltet sich um so aufwändiger, je höher wir die Anforderungen an die prognostische Genauigkeit schrauben. Erschwerend kommt hinzu, daß gerade die ausschlaggebenden Motorcharakteristika n_s (bzw. k_M) keineswegs die wünschenswerte Konstanz über alle Betriebsbereiche hinweg aufweisen. Es genügt also nicht, die im Leerlauf ermittelten Werte von n_s bzw. k_M bis in die Bereiche der Grenzlast „hochzurechnen". Ähnlich problematisch gestaltet sich die Ermittlung von R_i, denn dieser eminent wichtige Kennwert entpuppt sich bei genauerer Betrachtung als Sklave seiner ausufernden Temperaturdrift. Die in Datenblätter angegebenen Motorwiderstands-Werte beziehen sich gewöhnlich auf 25 °C. Der für die Motorgüte entscheidende Wert von R_i steigt je Grad Temperaturanstieg um 0,4%, was nichts anderes bedeutet, als dass eine ca. 100 Grad heiße Wicklung ihren Widerstand um ein Drittel erhöht hat. I_0 schließlich weist gleichfalls eine, wenn auch nur geringe Abhängigkeit von Spannung und Temperatur auf. Hingewiesen wurde weiter oben bereits auf die Erhöhung von I_0 durch Timing. Exakte Leerlaufstrommessungen sind also nur bei neutral eingestellten Motoren möglich.

Um eine möglichst hohe Genauigkeit zu erzielen, müssen alle Kennwerte unter realitätsnahen Bedingungen, also am belasteten und damit auch betriebswarmen Motor ermittelt werden. Die Messung selbst hingegen gestaltet sich einfach, denn von Interesse sind lediglich die Werte **Spannung**, **Strom** und **Drehzahl**, und zwar für zwei unterschiedliche Belastungsfälle (also z.B. zwei verschieden große Propeller). Diese sollen, um den Einfluss eventueller Meßungenauigkeiten weitgehend zu eliminieren, (leistungsmäßig) möglichst weit auseinander, gleichzeitig aber im charakteristischen Belastungsbereich des Motors liegen, womit sich leerlaufnahe Messungen verbieten. Da die nunmehr „zuständigen" Berechnungsformeln zwangsläufig an Umfänglichkeit zunehmen, ist die Unterstützung eines Computers mit einem Tabellenkalkulations- und Berechnungsprogramm (z.B. Microsoft Excel) sehr hilfreich, wenn auch nicht unbedingt Voraussetzung. Zudem bietet ein Programm wie in Abb. 7.7 a dargestellt die Möglichkeit, quasi spielerisch zu simulieren, wie sich die Veränderung von einzelnen Kennwerten (z.B. Zunahme von R_i durch Erwärmung oder die

Erhöhung der Betriebsspannung) auf das Betriebsverhalten, vor allem den Wirkungsgrad, auswirkt. Folgende Formeln dienen zur Ermittlung der nötigen Motorkenndaten n_s und R_i:

$$n_s = \frac{n_1 \times I_2 - n_2 \times I_1}{U_1 \times I_2 - U_2 \times I_1}$$

Daraus ergibt sich dann problemlos

$$k_M = \frac{1}{0{,}1047 \times n_s}$$

Auch den Verlustwiderstand R_i kann unser Rechner elegant aus obiger Zwei-Punkt-Messung herausdestillieren, wobei wir vor allem bei einfachen, neutral eingestellten Motoren mit dem Ergebnis sehr zufrieden sein dürfen.

$$R_i = \frac{U_2 \times n_1 - U_1 \times n_2}{I_2 \times n_1 - I_1 \times n_2}$$

Bei hochwertigen Motoren mit Vorzugslaufrichtung hingegen, und vor allem bei solchen mit beweglichem Rückschlussring, erhält man nach obiger Formel hingegen einen Wert von R_i, der tendenziell zu hoch liegt.

Die Drehzahl in einem bestimmten Betriebspunkt ergibt sich aus

$$n = n_s \times U_G = n_s \times (U_{mot} - R_i \times I_{mot})$$

Das Drehmoment erschließt sich mit

$$M = k_M \times (I_{mot} - I_0)$$

Die zugeführte Leistung ist ebenfalls leicht zu berechnen mit

$$P_{el} = U_{mot} \times I_{mot}$$

Der Nutzanteil entsteht daraus nach Abzug aller Verluste

$$P_{mech} = (U_{mot} - R_i \times I_{mot}) \times (I_{mot} - I_0)$$

Mit dem Wirkungsgrad schließen wir die Rechenprozedur endlich ab:

$$\eta = \frac{P_{mech}}{P_{el}} = \frac{(U_{mot} - R_i \times I_{mot}) \times (I_{mot} - I_0)}{U_{mot} \times I_{mot}}$$

Als Excel-Programm kann das dann aussehen wie in Abb. 7.7 a.

Motorberechnung (Beispiel:Graupner SPEED 600 8,4 V)

Werte aus Messung Eingabe			Berechnung (ohne Timing)		Berechnung (mit Timing)	
n_1 /min⁻¹	>	13620	n_s /min⁻¹ >	1875	n_s /min⁻¹ >	1875
n_2 /min⁻¹	>	15260	k_M /NmA⁻¹ >	0,0051	k_M /NmA⁻¹ >	0,0051
U_1 / V	>	9,55	R_i /Ohm >	0,124	$R_{i\,(aus\,Messung^*)}$ >	0,115
U_2 / V	>	9,25	n /min⁻¹ >	15044	n /min⁻¹ >	15303
I_1 / A	>	18,5	M /Nm >	0,073	M /Nm >	0,073
I_2 / A	>	9,0	P_{el} /W >	160	P_{el} /W >	160
I_0 / A	>	1,6	P_{mech}/W >	116	P_{mech}/W >	118
Betriebswerte			Eta >	0,72	Eta >	0,73
U_{mot} /V	>	10				
I_{mot} /A	>	16				

Eingabe in MS-Excel (ohne Timing)

	A	B	C	D	E
	Werte aus Messung	Eingabe		Berechnung	(ohne Timing)
3	n_1 /min⁻¹	13620	>	n_s /min⁻¹ >	=(B3*B8-B4*B7)/(B5*B8-B6*B7)
4	n_2 /min⁻¹	15260	>	k_M /NmA⁻¹ >	=1/(0,1047*E3)
5	U_1 / V	9,55	>	R_i /Ohm >	=(B6*B3-B5*B4)/(B8*B3-B7*B4)
6	U_2 / V	9,25	>	n /min⁻¹ >	=E3*(B11-E5*B12)
7	I_1 / A	18,5	>	M /Nm >	=E4*(B12-B9)
8	I_2 / A	9	>	P_{el} /W >	=B11*B12
9	I_0 / A	1,6	>	P_{mech}/W >	=(B11-E5*B12)*(B12-B9)
10	Betriebswerte			Eta >	=E9/E8
11	U_{mot} /V	10	>		
12	I_{mot} /A	16	>		

Eingabe in MS-Excel (mit Timing)

	F	G
	Berechnung	(mit Timing)
3	n_s /min⁻¹ >	=(B3*B8-B4*B7)/(B5*B8-B6*B7)
4	k_M /NmA⁻¹ >	=1/(0,1047*G3)
5	$R_{i\,(aus\,Messung^*)}$ >	0,115
6	n /min⁻¹ >	=E3*(B11-G5*B12)
7	M /Nm >	=G4*(B12-B9)
8	P_{el} /W >	=B11*B12
9	P_{mech}/W >	=(B11-G5*B12)*(B12-B9)
10	Eta >	=G9/G8

Abb. 7.7 a Motorenberechnung mit PC-Unterstützung. * R_i nach 7.3.4 ermittelt

8. Getriebe – Spezialisten für Vermittlungsdienste

Getriebe „rechnen" sich beim heutigen Stand der Antriebstechnik vor allem im Zusammenwirken mit einfachen, preisgünstigen Motoren (Ferritmotoren), die ihre Leistung konstruktionsbedingt mehr über Drehzahl als über Drehmoment entfalten. Bei 2-poligen bürstenlosen Innenläufern sind sie ein Muss.

Obgleich Getriebe niemals verlustfrei arbeiten, kann am Ende mehr herauskommen, wenn

• der Gewinn an **Gesamt**wirkungsgrad aus Motor, Getriebe und Propeller bei sinnvoller Abstimmung größer ist als der Getriebeverlust,

• das **Gesamt**gewicht von Motor und Getriebe bei vergleichbarem Wirkungsgrad kleiner ist als das eines entsprechend leistungsfähigen (drehmomentstarken) „Solo"-Motors.

Getriebe, wie sie beim Elektroflug zum Einsatz kommen, sind immer Drehzahlreduktionsgetriebe. Ihr Übersetzungsverhältnis wird als Zahlenverhältnis angegeben. 1:3 bedeutet beispielsweise, dass die Motorwelle dreimal schneller dreht als die Getriebe(abtriebs)welle.

In der Praxis unterscheidet man derzeit vier Bauformen:

• Stirnradgetriebe
• Planetengetriebe (Umlaufgetriebe)
• Getriebe mit Innenverzahnung
• Zahnriemengetriebe

Wie alle echten Spezialisten sind sie mit ganz individuellen Vor- und Nachteilen ausgestattet und können daher unter entsprechenden Einsatzbedingungen ihre „Talente" am besten zur Geltung bringen.

Abb. 8.-1
So fing alles an, in den 70er Jahren.
Ohne Getriebe ging gar nichts (mit meistens auch nichts)

Art	Stirnradgetriebe	Innenverzahnes Getriebe	Planetengetriebe (Umlaufgetriebe)	Zahnriemengetriebe
Sinnvoller Übersetzungsbereich	1 : 1,5 bis 1 : 7	1 : 2 bis 1 : 7	1 : 3 bis 1 : 7	1 : 1,5 bis 1 : 3 (4)
Achsversatz	groß	gering	kein	maximal
Drehrichtungsumkehr	ja	nein	nein	nein
Leistungsbereich	< 400 W	< 1000 W	universell (je nach Ausführung)	> 300 W
Sonstige Vorteile	preisgünstig, einfach	kompakt, besserer Eingriffswinkel	Kraftaufteilung auf mehrere Zahnräder, keine Kräfte auf Motorritzel	einfach, verschleißarm
Sonstige Nachteile	vorderes Motorlager wird radial belastet	vorderes Motorlager wird radial belastet	aufwendig, teuer	größter Achsversatz

Abb. 8. a

8.1 Stirnradgetriebe

Sie bevölkern die Modellflugplätze in zahllosen Spielarten, angefangen vom einfachen Selbstbauarrangement mit gepressten Plastikzahnrädern und Lagerplatten aus Sperrholz bis hin zur vollgekapselten High-Tech-Zahnradpaarung mit Kugellagern und Dauerschmierung. Das weit reichende Übersetzungsvariationsverhältnis von 1:1,5 (darunter lohnt sich gewöhnlich kein Getriebe) bis 1:7 oder zuweilen noch darüber, erschließt ein weites Einsatzfeld. Dank einfachem Aufbau sind Stirnradgetriebe meist auch noch hinreichend preisgünstig.

*Abb. 8.1-1
Simples Selbstbau-
Stirnradgetriebe aus
Conrad-Zahnrädern.
Lagerplatte aus
Buchensperrholz,
die Lagerung
erfolgt durch zwei
von einem Alu-Rohr
gehaltene Minikugel-
lager. Der „Trick":
Der Propeller wird
rückseitig befestigt,
somit keine Dreh-
richtungsumkehr*

Als störender Nachteil von einstufigen Stirnradgetrieben gilt die damit verursachte Drehrichtungsumkehr. Das erfordert, nachdem nahezu alle marktgängigen Propeller auf Rechtslauf bestehen, einen linksdrehenden Motor. Immer, wenn dieser „getimt" wurde, ist es dann mit einfachem Umpolen der Motoranschlüsse noch nicht getan. Das hintere Lagerschild muss nun nach rechts verdreht werden (siehe Abschnitt 7.4).

Einbautechnische Konsequenzen zieht auch der zwangsläufig vorhandene Achsversatz nach sich. Er entspricht der Summe der Teilkreisradien beider Zahnräder (r_{gr} + r_{kl}).

Entscheidenden Einfluss auf das Laufverhalten und die Geräuschproduktion des Getriebes hat die Materialpaarung der Zahnräder. Bei einer zu übertragenden Leistung von weniger als 100 Watt sind Kunststoffzahnräder erste Wahl. Bei höheren Leistungen sollte das hoch beanspruchte Ritzel (Kleinrad) besser aus Stahl oder Messing sein. Als Großrad-Werkstoff bewährt sich Delrin, ein sehr zäher Kunststoff, der sich spanabhebend bearbeiten lässt. Dadurch bekommen die Zähne die gewünschte Evolventenform. Bei Getrieben für höhere Leistungen lässt sich auch Messing/Stahl wie auch Stahl/Stahl paaren. Dann allerdings kommt es auf die exakte Einhaltung des Achsabstands an. Andernfalls würde das positive Image des Elektroflugs, eine geräuscharme Vergnüglichkeit zu sein, ernsthaft zur Disposition gestellt. Bei der Geräuschvermeidung wie auch der Wirkungsgradverbesserung (Schallemission bedeutet Verlusterzeugung!) hilft ein kleines Verzahnungsmodul (viele kleine Zähne).

Verluste entstehen bei Wälzgetrieben (so eine andere Bezeichnung) vor allem durch Reibung der Zahnflanken. Sie nimmt beim Übertragen hoher Drehmomente in starkem Maße zu. Daher wäre es auch blauäugig, die Verluste bei einem Stirnradgetriebe aus der Zunahme des Leerlaufstroms nach Montage des Getriebes ableiten zu wollen. Ein Getriebe ist als überlastet zu betrachten,

Abb. 8.1-2
Nützliches Zubehörteil zum Abziehen aufgepresster Motorritzel. Verschiedene Stiftschrauben für Motorwellen von 2,3 und 3,17 mm Durchmesser liegen bei. Der Mindestabstand zwischen Ritzel und Motorflansch muss 1,1 mm betragen (Aeronaut)

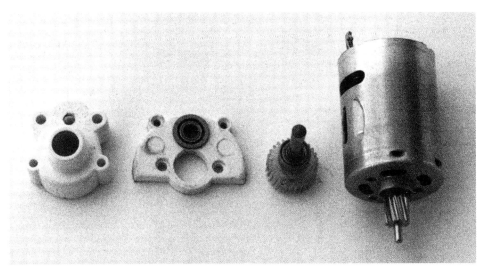

Abb. 8.1-3
Stirnrad-Untersetzungsgetriebe von Aeronaut für Motoren der 400er-Größe. Die Schräg-verzahnung senkt das Geräuschniveau. Die Getriebe sind in verschiedenen Unterset-zungsstufen und Befestigungsvarianten erhältlich

wenn sich die Zahnflanken unter dem Pressdruck verformen und deshalb immer mehr aneinander reiben statt aufeinander abzurollen. Daher sollte die Zahnradbreite auch mit dem zu übertragenden Drehmoment wachsen. Außerdem drücken bei einem Wälzgetriebe die miteinander kämmenden Zahnräder immer auch in radialer Richtung aufeinander, Kräfte, die letztlich von den Lagern aufgefangen werden müssen. Kugellager sind daher, wenn Lebensdauer auf der Wunschliste steht, auch motorseitig ein Muss.

Das bevorzugte Einsatzgebiet von Stirnradgetrieben im Elektroflug liegt heute im unteren Leistungs- und Preisspektrum.

8.2   Innenverzahntes Getriebe

Im Gegensatz zum „klassischen" Wälzgetriebe ist hier das Großrad innen ver-zahnt (Hohlrad). Damit läuft das Ritzel innerhalb. Dies reduziert den Achsabstand ($r_{gr} - r_{kl}$). Noch wichtiger: Es findet keine Drehrichtungsumkehr statt. Infolge des Ineinanderlaufens der beiden Zahnräder vergrößert sich der Winkel, in welchem die Zahnflanken zueinander unter Eingriff stehen, was sich bei höheren Leistungen verlustmindernd bemerkbar macht. Als eindeutiger Vorteil ist zu wer-ten, dass nun der Motor seine Vorzugsdrehrichtung beibehalten kann.

Leider wird der mechanische Aufbau bei präziser Ausführung aufwändiger, was die Anschaffung kostspieliger werden lässt.

Ansonsten gilt hier sinngemäß das unter 8.1 Gesagte.

Abb. 8.2-1
Nur geringer Achsversatz dank innenverzahntem Großrad

Abb. 8.2-2
Kleiner Parkflyer-Antrieb mit innenverzahntem Abtriebsrad

8.3   Planetengetriebe (Umlaufgetriebe)

Auch hier wird die Szene von einem (allerdings feststehenden) Hohlrad beherrscht. Das Motorritzel, hier als Sonnenrad bezeichnet, ist konzentrisch im Mittelpunkt des Hohlrades angeordnet. Es greift in (gewöhnlich) drei Planetenräder ein, die ihrerseits außen mit den Zähnen des Hohlrads im Eingriff stehen. Die Planetenräder sind – um 120 Grad zueinander versetzt – über Stehbolzen auf einer Trägerplatte, dem Planetenträger, gelagert.

Im Betrieb umkreisen nun die Planeten – wie beim orbitalen Vorbild – das Sonnenzentrum. Da das Hohlrad fest mit dem Gehäuse verbunden ist, muss sich nur der mit der Abtriebsachse in Verbindung stehende Planetenträger drehen. Diese Anordnung hat gegenüber dem einfachen Wälzgetriebe mindestens zwei Vorteile: Die zu übertragende Kraft teilt sich auf drei Planetenräder und damit eine größere Zahl von Zahnflanken auf, wodurch die Flächenpressung dort gemindert ist. Dies bewirkt einen auch bei hoher Last vergleichsweise günstigen Wirkungsgrad. Weiterhin heben sich beim Umlaufgetriebe die Radialkräfte gegenseitig auf, was die Lager entlastet. Dennoch stellt die Lagerung der Planetenräder den eigentlich kritischen Punkt dar, weil das Schmiermittel sich gerne von dort verflüchtigt. Hochwertige Planetengetriebe verfügen daher über nadelgelagerte Planetenräder bzw. über Lagerzapfen aus notlaufsicherem Keramikmaterial.

Abb. 8.3-1
Planetengetriebe von Maxxon im Vertrieb der Fa. Hopf. Die Planetenräder laufen auf Keramikachsen

Abb. 8.3-2
Slowflyer-Antriebsmotor mit nachgeschaltetem Planetensatz

Der Abtrieb erfolgt beim Planetengetriebe ohne Achsversatz und die Drehrichtung bleibt erhalten. Wegen der konzentrischen Anordnung der Teile bietet es sich sogar an, das Hohlrad gleich in das Motorgehäuse zu integrieren, was zu einer besonders kompakten Bauweise der gesamten Antriebseinheit führt. Umlaufgetriebe werden in allen Leistungsklassen akzeptiert, taugen konzeptionsbedingt aber nur für Übersetzungsverhältnisse von 1:3 an aufwärts (bis etwa 1:7).

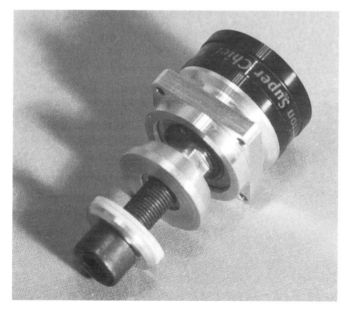

Abb. 8.3-3
Edition Super Chief
Planetengetriebe
von Reisenauer. Der
ca. 80 g schwere
Umlaufsatz ist mit
1:4 und 1:6 erhältlich
und verkraftet einen
Leistungsdurchsatz
bis 2 kW. Um Luft-
schrauben bis ca
22 Zoll antreiben zu
können, hat es eine
14- mm-Abtriebswelle

8.4 Zahnriemengetriebe

Bei ihnen überträgt ein Gummi- oder Kunststoffriemen, der mit Glas- bzw. Metallfäden in Längsrichtung verstärkt sein kann, die Kraft. Die Räder heißen hier Zahnscheiben. Sie sind meist wechselseitig von je einer Bordscheibe begrenzt, damit der laufende Riemen nicht vom rechten Weg abkommt. Die Riemenstärke und dessen Breite müssen der Drehmomentbelastung angepasst sein. Beim Elektroflug sind Riemen von 6 bis 10 mm Breite üblich. Weil die Räder hier aneinander vorbeilaufen müssen, wird der Achsabstand zwangsläufig noch größer als beim Stirnradgetriebe. Die Laufrichtung hingegen ändert sich nicht. Da der Riemen unter Spannung läuft, treten auch beträchtliche Kräfte in radialer Richtung auf, welche beidseitig nach Kugellagern verlangen.

Verluste entstehen beim Zahnriemenantrieb im Riemen selbst durch so genannte Walkverluste. Ihre Höhe hängt primär von der Umlaufgeschwindigkeit des Riemens (Drehzahl) und den Radien der Zahnscheiben, weniger von dem zu übertragenden Drehmoment ab. Der Riemenantrieb ist daher prädestiniert für Antriebe mit höherer Leistung (> 300 W), vorzugsweise bei geringerer Drehzahl. Auch die „Begleitmusik" ist hier von eher dezent zurückhaltender Natur. Bei Leistungen über 500 Watt sind Zahnscheiben aus Alu solchen aus Plastik vorzuziehen, denn sie führen die im Riemen entstehende Wärme besser ab.

Der Übersetzungsbereich erstreckt sich bei kompakter Bauweise (eng angrenzend laufende Räder) von 1:1,5 bis 1:2,5. Darüber beginnt sich der Umschlingungswinkel des Kleinrades kritisch zu verkleinern. Nur wenn der Achsabstand mitwachsen kann, stehen Übersetzungen bis etwa 1:4 zur Disposition. Zwar ließe sich der Winkel, in dem die Zähne in Eingriff kommen, durch zusätzliche Umlenkrollen vergrößern, was aber den Lager- und Walkverlusten gleichfalls zur Entfaltung verhelfen würde.

Abb. 8.4-1
4:1-Selbstbau-Zahnriemengetriebe aus Alu für Großmodelle. Solche Getriebe sind vor allem für Modelle mit großem Rumpfdurchmesser geeignet, bei denen der große Achsversatz nicht stört

Abb. 8.4-2
Bei Motormodellen stört der erhebliche Achsversatz eines Zahnriemengetriebes gewöhnlich nicht

Abb. 8.4-3
Man kann's auch selber bauen: Zahnriemengetriebe aus Alu-Profilen mit schon betagtem
Keller-Motor

8.5 Mehrstufige Getriebe

Ordnet man mehrere Getriebestufen hintereinander an, so multiplizieren sich deren Übersetzungsverhältnisse. Man erreicht so theoretisch beliebige Werte. Dabei addieren sich allerdings auch die Verluste, weshalb zwei Stufen gewöhnlich die Grenze des Sinnvollen darstellen.

Bei Stirnradgetrieben wird mit der zweiten Stufe zudem die Drehrichtungsumkehr aufgehoben. Weiterhin lässt sich bei zweckvoller Wellenanordnung auch der Achsversatz ausgleichen. Dieses Plus in der Handhabung konnte derartigen Getrieben in der Vergangeheit zu einer gewissen Verbreitung verhelfen.

Abb. 8.5-1
Bei diesem 2-stufigen Stirnradgetriebe besteht kein Achsversatz

9. Propeller und Impeller – mehr als nur Windmaschinen

Der eine arbeitet draußen, der andere drinnen, und beide machen Wind. So ließe sich vereinfacht das Wesen dieser – sieht man vom Modell selbst einmal ab – letzten Energiewandlerstufen in der Antriebskette etwas salopp beschreiben. Doch liegen wir nicht ganz falsch dabei, denn beide machen ihren Job, indem sie Luft in Bewegung setzen, und zwar gewöhnlich nach hinten. Dadurch entsteht eine reaktive Kraft nach vorne, welche das Modell antreibt. Sie gehorcht dem Impulssatz:

Kraft (F) = erfasste Luft-**Masse (m)** × **Beschleunigung (a)**

Der grundlegende Unterschied zwischen beiden: Ein Propeller hat Platz, weit auszugreifen. Er erfasst eine relativ große Luftmasse, die er dann nur noch mäßig zu beschleunigen braucht (**m** groß, **a** klein).

Der Impeller arbeitet unter beengten Verhältnissen, kann sich räumlich nur bedingt entfalten. Eingezwängt in Rumpf oder Düsengondel muss er daher einer vergleichsweise geringen Luftmasse, die ihn über die Einläufe erreicht, eine wesentlich größere Beschleunigung verpassen (**m** klein, **a** groß).

9.1 Propeller – immer außen vor

Der Propeller ist Schlussläufer in der Antriebsstafette. Er hat's am schwersten. Wird vor ihm getrödelt, steht er auf verlorenem Posten. Bekommt er jedoch den

Abb. 9.1-1
Starrpropeller mit 9 bis 14 Zoll Durchmesser aus gespritztem, faserversteiftem Kunststoff, Kohlefaser oder Holz. Die Blattform gehorcht nicht allein dem Einsatzzweck des Props, sondern wird u.a. auch von Herstellerphilosophie und Zeitgeist beeinflusst

Stab rechtzeitig in die Hand gedrückt, so liegt nun alles an ihm. Nein, Propeller haben's auch nicht leicht.

Wie arbeitet so ein Propeller? Ganz einfach, er versucht sich vermittels seiner Steigung durch die Luft zu schrauben, ähnlich wie sich z.B. eine Holzschraube durch einen Balken frisst. Nur ist das Medium Luft halt ein ausgesprochen morscher Balken. Je mehr Kraft die Verschraubung aushalten soll, desto größer muss deshalb der Schraubendurchmesser gewählt werden.

Vergleiche hinken, auch dieser. Merken wir ihn uns trotzdem, denn auch bei morschen Balken hat der Schraubvorgang, wie jeder Altbausanierer nur zu gut weiß, zweifache Auswirkung: Zwar kommt die Schraube durchaus in der gewünschten Richtung voran, aber es rieselt hinten – ein unerwünschter Effekt – auch Holzstaub heraus. Die Verhältnisse in der Luft sind so unähnlich nicht. Auch hier gesellt sich zu dem erwünschten Vorwärtskommen der Schraube ein Anteil unnütz vertaner Arbeit, indem Luftmoleküle nach hinten weggeblasen werden. Schlupf nennt man das, vergleichbar den Verhältnissen bei einem Antriebsrad, das auf unbefestigtem Grund durchdreht.

9.1.1 Kenngrößen des Propellers

Ein Propeller (Luftschraube) ist durch folgende Kennwerte zu beschreiben:

- **Durchmesser (D)**
  Gemessen in Zoll (Inch) oder Zentimeter (1 Inch entspr. 2,54 cm).

Abb. 9.1.1-1
Leistungsfähige Elektrotriebwerke können heute schon Propeller mit Durchmessern von 20 Zoll und mehr antreiben. Wichtig für eine optimale Leistungsausbeute ist auch eine sorgfältige Auswuchtung der Luftschrauben

- **Steigung (H)**

  Angabe erfolgt gleichermaßen in Zoll oder Zentimetern. H sagt aus, um welche Strecke sich der Propeller bei einer Umdrehung vorwärts schrauben würde, wenn die Luft ein unverschiebliches Medium wäre (stellen wir uns einfach vor, die Schraube drehte sich in Joghurt). Multiplizieren wir diesen Wert mit den pro Sekunde absolvierten Umdrehungen ($min^{-1}/60$), so kommen wir auf eine Art Referenzgeschwindigkeit, die uns zu nutzvollen Kontrollrechnungen befähigt. Während Personen tragende Flugzeuge heute üblicherweise mit Propellern verstellbarer Steigung ausgestattet sind, scheint sich beim Modellflug dieser zusätzliche Aufwand nur in Ausnahmefällen wirklich zu lohnen. H ist übrigens nicht über den gesamten Radius konstant. Die Angabe bezieht sich gewöhnlich auf 75 Prozent des Radius (r_{75}). Zu beklagen ist, dass nicht wenige Hersteller die Steigungsangabe mit einem unangemessenen Maß an Großzügigkeit glauben handhaben zu dürfen.

- **Blattzahl**

  Beim Elektroflug kommen heute fast ausschließlich Zweiblatt-Propeller zum Einsatz. Einblattschrauben (mit Massenausgleich) finden sich nur gelegentlich bei Rennmodellen. Sie konnten bislang aber ihre Unersetzlichkeit noch nicht überzeugend unter Beweis stellen. Drei- und mehrblättrige Schrauben sind (bei der hier zur Debatte stehenden Größenordnung) dem Zweiblattpropeller hinsichtlich Wirkungsgrad unterlegen und bestenfalls dort zu dulden, wo Einschränkungen im Durchmesser oder der Wunsch nach erhöhter Vorbildtreue dies erfordern.

Abb. 9.1.1-2
Nicht immer passt die vorhandene Bohrung auf den vorgesehenen Mitnehmer. Zu kleine Bohrungen muss man vorsichtig aufreiben (nicht etwa bohren!). Der Fachhandel hält entsprechende Reibahlen bereit

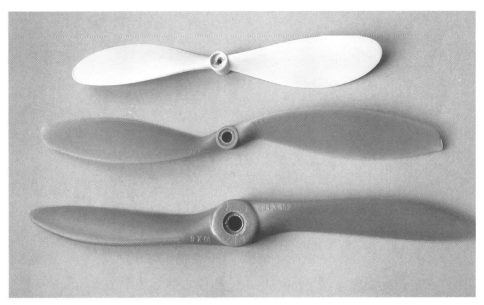

Abb. 9.1.1-3
Propeller ist nicht gleich Propeller. Sollen beispielsweise nur kleine Leistungen übertragen werden, kann die Blattstärke reduziert werden. Der kleinste Propeller im Bild wurde ursprünglich für Gummimotormodelle entwickelt, erfreut sich aber auch im Elektroflug guten Zuspruchs

- **Blattform (Blatttiefenverteilung über den Radius)**

   Die Auftriebsverteilung über dem Propellerradius ist nicht gleich bleibend. Auch ist leicht erkennbar, dass aufgrund der nach außen wachsenden Umfangsgeschwindigkeit sich die Re-Zahl-Verhältnisse ändern. Somit muss sich auch die Blattform anpassen. Art und Form der Luftschraubenblätter konnten sich allerdings vom Einfluss des gestalterischen Zeitgeists niemals gänzlich losreißen.

9.1.2 Einfluss von Durchmesser und Steigung

Der Durchmesser D hat entscheidenden Einfluss auf die Leistung des Antriebs. So erhöht sich etwa der Zug (oder Schub) mit der 4. Potenz von D (wenn D sich verdoppelt, steigt der Schub um das 16fache). Das bleibt natürlich nicht ohne Auswirkung auf den Leistungsbedarf der Luftschraube. Drehmoment und Leistung steigen bei gleich bleibender Drehzahl in der 5. Potenz (wenn D sich verdoppelt, steigt der Schub um das 32fache). Trotz dieser „Horrorzahlen" müssen wir zur Kenntnis nehmen: Propeller mit größerem Durchmesser erreichen gewöhnlich einen besseren Wirkungsgrad (η).

Die Effizienz wird jedoch außerdem noch von dem Steigungs-/Durchmesser-(H/D)Verhältnis beeinflusst. Diese liegen beim Modellflug H/D-Quotienten übli-

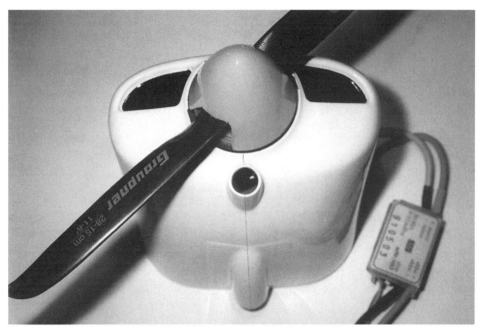

Abb. 9.1.2-1
Eine voluminöse Motorhaube, wie im Bild bei der Giles 202, verlangt nach einem entsprechend großen Propeller

cherweise bei 0,4 bis 1,2. Je „quadratischer" (H/D $\cong$ 1) ein Propeller, um so besser η. Bei größeren Werten von H bekommt die Anpassung an die Fluggeschwindigkeit des Modells allerdings immer mehr Gewicht. Umgekehrt erreicht ein Propeller mit geringerem Steigungs-/Durchmesserverhältnis nicht die hohen Wirkungsgradwerte, kann dafür aber breitbandiger eingesetzt werden. Ja, immer diese Entscheidungen!

9.1.3 Propelleranpassung

Diese vorausgehenden Angaben befähigen uns, das Wesen des Modellpropellers besser zu verstehen. Die edle Absicht, den richtigen Propeller für ein gegebenes Modell berechnen zu können, scheitert indes weniger an der Komplexität der Materie, sondern oft am Fehlen verwertbarer Daten. So ist die Fluggeschwindigkeit des Modells meist nur als In-etwa-Wert bekannt, die Steigungsangaben halten nicht immer einer genaueren messtechnischen Überprüfung stand, und leider behandeln die meisten Propellerhersteller die Leistungsdaten ihrer Produkte wie Firmengeheimnisse von hohen Graden (dass mitunter selbst Firmenangehörige nichts von ihrer Existenz zu wissen scheinen).

In diesem Falle helfen nur empirische Verfahren (Versuch und Irrtum) zum Ziel. Damit das Ganze aber nicht Gefahr läuft, in ein planloses Herumprobieren abzugleiten, werden wir uns einige einfache Rechenformeln als

„Erfolgsbeschleuniger" dienstbar machen. Die zu erwartende Treffsicherheit steht und fällt u.a. mit der Genauigkeit der Eingangsdaten. Sie bewahrt uns aber in jedem Fall vor krassen Anpassungsfehlern und schafft eine belastbare Plattform für die abschließende Optimierung in der Flugpraxis, welche sowieso immer das letztlich entscheidende Erfolgskriterium darstellt.

- **Ausgangsüberlegung**

  Die zu wählende Propellersteigung muss zusammen mit der Propellerdrehzahl auf die zu erwartende Fluggeschwindigkeit abgestimmt sein.

- **Auslegungsgrundsatz**

  Damit der Propeller noch „zieht", benötigt er einen gewissen Schlupf. Das Produkt H $\times$ n = v_{ref} soll um ca. 20 bis 25 Prozent über dem Wert der Fluggeschwindigkeit liegen. Wird allerdings der Schlupf zu hoch, sinkt der Wirkungsgrad des Propellers.

Als Fluggeschwindigkeitsrichtgrößen können folgende Erfahrungswerte dienen:

Slowflyer	2 bis 8 m/s
Soft-Segler	6 bis 12 m/s
Sportmodelle	10 bis 25 m/s
Kunstflugmaschinen	15 bis 30 m/s
Hotliner	20 bis 40 m/s
Speedmodelle	30 bis 50 m/s

Die weitere Vorgehensweise orientiert sich an der gängigen Modellbaupraxis und geht davon aus, dass der zum Modell passende Antriebssatz, bestehend aus Akku und Motor (im Beispiel ULTRA 930-8), bereits ausgewählt wurde und nun ein passender Propeller gefunden werden soll (eigentlich müsste die Abstimmprozedur bei der Luftschraube beginnen). Messmittel für Spannung, Strom und Drehzahl müssen vorhanden sein.

Zuerst ist es notwendig, sich über Fluggeschwindigkeit und Leistungsbedarf des Modells klar zu werden. Als Beispiel sei ein Modell mit 2 kg Fluggewicht ausgewählt, das sich mit einer Geschwindigkeit von 22 m/s (ca. 80 km/h) bewegt. Hierfür müssen nach bewährter Faustformel etwa 300 Watt **Eingangs**leistung aufgebracht werden, was bei 10 Zellen (mittlere Entladespannung 11 Volt) einen Strom von etwa 27 A erfordert.

Um den Motor nicht gleich beim ersten Versuch zu überlasten, sollten wir mit einer vergleichsweise kleinen Luftschraube beginnen (z.B. 8 $\times$ 4 Zoll). Stellen wir damit eine deutlich zu geringe Stromaufnahme (< 20 A) fest, womit die erforderliche Leistung nicht annähernd erreicht werden könnte, wäre dies ein deutliches Signal, den Propeller nunmehr schrittweise zu vergrößern.

Eine Schraube der Dimension 9 $\times$ 5 liefert die Meßwerte 11 V, 24 A (= 264 W) und 11 550 min^{-1}. Eine Kontrollrechnung soll nun Aufschluss über das zu erwartende dynamische Verhalten geben:

$$v_{ref} = \text{Steigung (in m)} \times \text{Drehzahl (in s}^{-1}) = 0{,}127 \text{ m} \times \frac{11\,550}{60 \text{ s}} = 24{,}4 \text{ m/s}$$

Wir liegen somit noch unter der angepeilten Geschwindigkeit (ca. 26 bis 27 m/s), wobei auch die Leistungsaufnahme eine weitere Zugabe erlaubt.

Mit einem Propeller der Dimension 9 × 6 gelingt uns dann bei 10,8 V und 27,2 A (= 294 W) und einer Drehzahl von 10 700 min^{-1} (27,4 m/s) beinahe eine Ziellandung.

Mit einer weiteren Vergrößerung des Propellers würden wir uns wieder von der Ideallinie entfernen. Neugierig geworden, montieren wir noch probehalber einen Propeller der Größenordnung 10 × 5 Zoll. Bei 10,6 V fließen nun etwa 30 A, womit die gewünschte Eingangsleistung in noch verzeihlicher Größenordnung überschritten wäre. Die Drehzahlmessung ergibt 9750 min^{-1}. Damit erreichen wir eine Referenzgeschwindigkeit v_{ref} von 20,6 m/s. Sie liegt nun wieder unter dem Sollwert. (Die Messungen wurden übrigens mit APC-Luftschrauben durchgeführt.)

Einfacher gestaltet sich die Luftschraubenwahl bei Kenntnis der Propellerleistungsdaten. Diese geben Auskunft darüber, wie zugeführte Leistung und Drehzahl zusammenhängen. Wichtig zu wissen, dass beide Größen nicht etwa linear, sondern über die 3. Potenz verknüpft sind. (Eine Verdoppelung der Drehzahl erfordert ein 8faches an Wellenleistung.) Mathematisch ist dieser Zusammenhang so zu formulieren:

$$\frac{n_2^{\,3}}{n_1^{\,3}} = \frac{P_{2\,mech}}{P_{1\,mech}}$$

oder

$$\frac{n_2}{n_1} = \sqrt[3]{\frac{P_{2\,mech}}{P_{1\,mech}}}$$

Ist also ein bestimmter Drehzahlwert n_1 und die zugehörige Leistung $P_{1\,mech}$ bekannt, so lässt sich der Leistungsbedarf $P_{2\,mech}$ bei jeder weiteren Drehzahl n_2 berechnen:

$$n_2 = n_1 \times \sqrt[3]{\frac{P_{2\,mech}}{P_{1\,mech}}}$$

Ein Beispiel soll dies veranschaulichen.

Läuft o.g. 9 × 5-Zoll-Propeller bei 200 Watt **Wellen**leistung (n_{200}) 11 500 min^{-1}, so sind bei 300 Watt

$$n_{300} = n_{200} \times \sqrt[3]{\frac{300\ W}{200\ W}} = 11\,500\ \text{min}^{-1} \times \sqrt[3]{1,5} = 11\,500\ \text{min}^{-1} \times 1,145 = 13\,160\ \text{min}^{-1}$$

zu erwarten.

Noch schneller und einfacher geht die Anpassung vonstatten, wenn Propellerkennlinien zur Verfügung stehen. Sie geben den o.g. Zusammenhang grafisch wieder. Als Beispiel mag das Kennlinienblatt der Aeronaut CAM-Carbon-Propellerserie dienen (Abb. 9.1.3 a).

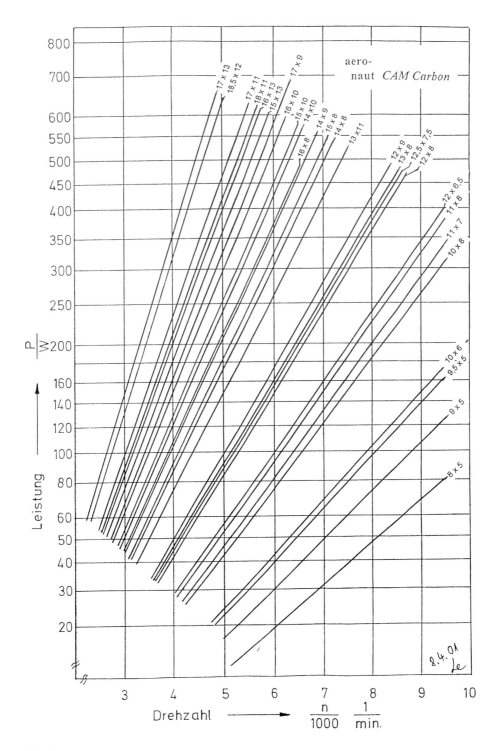

Abb. 9.1.3 a
Leistungskurven der Aeronaut CAM-Carbon-Luftschrauben

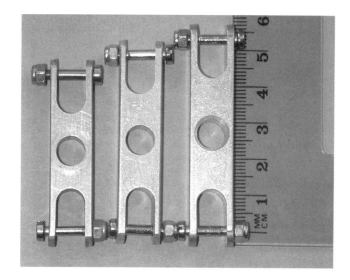

Abb. 9.1.3-1
Drei verschieden große
Mittelstücke von 42, 47
und 52 mm
Bohrungsabstand. Das
mittlere Teil ist um –5°
geschränkt

Die dort gezeigten Luftschrauben wurden mit einem geraden (ungeschränkten) Mittelstück von 42 mm vermessen. Eine Feinabstimmung ist durch die Verwendung modifizierter Mittelstücke möglich. Aeronaut liefert diese beispielsweise abgestuft von 42 bis 52 mm Durchmesser (= Lochabstand) zum Anpassen des Durchmessers (womit sich die Steigung auch geringfügig ändert). Diese Alu-Mittelstücke sind auch geschränkt von +5° ... +2,5° bis –2,5° ... –5° erhältlich. Dadurch ändert sich nur die Steigung.

Wie sich diese feinen Modifikationen auf den n_{100}-Wert eines Propellers auswirken, wird in Abb. 9.1.3b beispielhaft für eine CamCarbon 16 x 10 (n_{100} = 3500) gezeigt.

9.1.4 Propellerarten

Die Frage Klapp-Propeller oder Starrlatte erübrigt sich bei entsprechenden Vorbildern oder wenn das auszustattende Modell gute Gleitflugeigenschaften haben soll. Dass starre Luftschrauben aufgrund der aerodynamisch besseren Nabenausbildung einen höheren Wirkungsgrad erreichen, kann längst nicht mehr generell bestätigt werden. Andererseits ist jede Starrlatte durch eine Klappluftschraube ersetzbar (andersherum klappt's auch, jedoch immer nur einmal).

Schränkung	-5°	-2,5°	0°	+2,5°	+5°
Mittelstück 42 mm	3960	3710	**3500**	3330	3190
Mittelstück 47 mm	3880	3640	3420	3260	3130
Mittelstück 52 mm	3790	3550	3350	3180	3050

Abb. 9.1.3 b

154

Abb. 9.1.4-1
Computerberechnete
Klappluftschraubenserie
von Aeronaut.
Die verfügbaren
Durchmesser reichen
von 10 bis 18 Zoll.
Das Alu-Mittelstück
ist in verschiedenen
Größen verfügbar

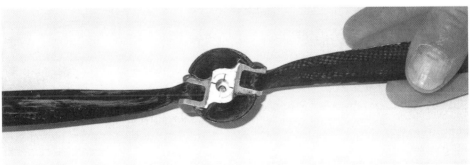

Abb. 9.1.4-2
Luftschraube des amerikanischen F5B-Weltmeisterteams von '98. Das Mittelstück ist sowohl gekröpft als auch verschränkt. Man erreichte damit ein besseres Anliegen der Blätter am schlanken Rumpf des WM-Modells

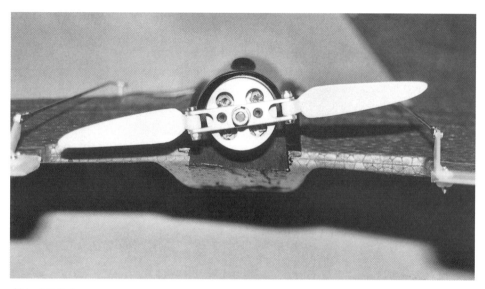

Abb. 9.1.5-1
Ein Druckpropeller arbeitet besonders effizient

Durch Variation des Mittelstücks ist es bei der Klappluftschraube jedoch möglich, Feinabstimmungsarbeit zu leisten, indem das Mittelteil **um geringe Beträge** vergrößert oder verkleinert wird. Hierdurch ändern sich Durchmesser **und** Steigung. Eine Verdrehung (Schränkung) hingegen beeinflusst allein die Steigung.

9.1.5 Propelleranordnung

Was (nahezu) alle machen, muss allein deshalb noch nicht richtig sein. Bei 98 Prozent aller durch Propeller angetriebenen Flugzeuge „kämpft" dieser an vorderster Front. Das hat Gründe, die vorwiegend mit dem Schwerpunkt des Flugzeugs sowie auch dem Kühlluftbedarf des (Verbrennungs-)Motors zu tun haben. Für den Bugpropeller spricht zudem, dass er Winddruck auf Ruder und Flächen erzeugt, was die Steuerbarkeit in der Langsamflugphase, mithin bei Start und Landung, günstig beeinflußt. Genau hier liegt aber auch der Hauptnachteil des Zugpropellers: Er sorgt in Rumpfnähe sowie im Bereich der Flächenwurzel für widerstandserhöhende Turbulenzen.

Ein am Heck angebrachter Propeller hingegen vermeidet diesen Nachteil, denn er „ernährt" sich vorwiegend von seitlicher Zuströmung, läßt somit die Rumpfgrenzschicht unbeeinflusst. Der Elektroantrieb eröffnet hier neue Möglichkeiten, denn zum einen ist der Kühlbedarf hier doch vergleichsweise bescheiden und die Masse konzentriert sich zu wesentlichen Teilen auf den Akku. Entenmodelle beispielsweise – aus Gründen der Schwerpunktlage ohnehin für Heckantrieb prädestiniert – erreichen bei vergleichbarer Antriebsleistung bessere Flugleistungen. Für experimentierfreudige Modellbauer eröffnet sich hier ein lohnendes Betätigungsfeld.

Abb. 9.2-1
Gleich geht's los: erste Erprobung der Aeronaut-Raffale – vorsichtshalber noch unlackiert

9.2 Impeller – die versteckte Antriebsquelle

Ein Jetmodell mit Propeller, das will so recht nicht passen, weder optisch noch akustisch. Ein Impeller hingegen versteckt sich diskret im Rumpf oder in der Triebwerksgondel und liefert, zumal wenn von einem Elektromotor angetrieben, auch den richtigen Sound. Dafür nimmt der Anwender gerne einige Besonderheiten in Kauf: Ein Impeller kostet eine Kleinigkeit mehr, verlangt nicht selten nach einigen Verrenkungen beim Einbau und liefert zumeist weniger Schubkraft als ein Propellerantrieb vergleichbarer Leistung.

Gleichwohl gibt es auch einige Pluspunkte zu notieren. So harmoniert z.B. das Drehzahlniveau handelsüblicher Impeller – es liegt je nach Größe zwischen 18 000 und 30 000 min^{-1} – sehr gut mit unseren Elektromotoren, welche ja bekanntlich bei höheren Drehzahlen an Leistung und Wirkungsgrad zulegen. Die schlanke, runde Form des Elektromotors passt sich der Strömungsführung in einem Fantriebwerk (so die eigentlich zutreffende Bezeichnung) bestens an, was den Vergleich mit einem modernen (Zweiwellen-)Mantelstromtriebwerk förmlich herausfordert. Auch dort konzentriert sich die Antriebseinheit mittig in Form einer thermodynamischen Strömungsmaschine, die von einem kalten Luftstrom umschlossen und bestens gekühlt wird, was die nutzbare Leistung nochmals erhöht. Schließlich präsentiert sich der Elektro-Impeller – das mag vielleicht von eher akademischer Bedeutung sein – als die einzige Antriebskonstellation, welche auch die Verlustwärme des Motors mit zur Schuberzeugung nutzt, denn die Aufgabe der Brennkammern in einem Jet-Triebwerk ist ja auch nur das Aufheizen der angesaugten Luft.

Man sieht also, ein Elektro-Impeller ist kein Bastard aus Strom und Strömung, sondern gehorcht einem in der Personen tragenden Luftfahrt längst bewährten Prinzip.

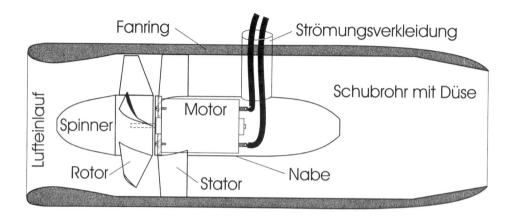

Abb. 9.2.1 a
Aufbau eines Elektroimpellers

9.2.1 Aufbau und Funktion des Elektro-Impellers

Es handelt sich beim Impeller um einen gewöhnlich einstufigen Axialverdichter. Seine wesentlichen konstruktiven Bestandteile sind:

- Lufteinlauf
- Fanring (Mantelrohr)
- Rotor (Laufrad, Läufer)
- Stator (Leitrad, Leitschaufeln)
- Nabe (Innenrohr)
- Schubrohr mit Düse

Der lippenförmig beginnende Lufteinlauf hat die Aufgabe, ein möglichst ungehindertes Einströmen der Luft zu ermöglichen. Diese wird dann von den Rotorschaufeln erfasst und verdichtet, um dann mit erhöhter Geschwindigkeit durch die Düse zu entschwinden. Da die Rotorschaufeln, wie übrigens auch die Blätter eines Propellers, die Luft nicht nur in axialer Richtung beschleunigen, sondern diese zusätzlich in Rotation versetzen, ordnet man dahinter Leitschaufeln (Stator) an, welche diesen sonst für die Schuberzeugung verlorenen Anteil (bis ca. 20%) zurückgewinnen, indem sie die Strömung „geraderichten". Gleichzeitig wird die Nabe durch die Leitschaufeln gehalten und zentriert. Der Elektromotor verbirgt sich in der Nabe (bzw. ist ein Teil derselben). Für einen sauberen Strömungsverlauf sorgt ein möglichst lang gezogener, konusförmig auslaufender Abströmkörper, der sinnvollerweise auch den Drehzahlsteller bzw. Controller aufnimmt.

Wichtig für den Wirkungsgrad des Verdichters ist ein sehr schmaler Luftspalt (< 0,5 mm) zwischen Rotor und Fanring, weshalb Ersterer gut ausgewuchtet und Letzterer absolut rund und hinreichend steif sein muss.

Abb. 9.2.1-1
Teile eines Sperrholz-Selbstbau-Impellers: links Rotor, rechts von innen nach außen: Nabe mit Motorspant, Statorblätter, Mantelrohr mit äußerer Versteifung …

Abb. 9.2.1-2
… dasselbe in Seitenansicht. Die Lufthutze im Innenrohr dient der Motorkühlung …

Abb. 9.2.1-3
… und schließlich mit eingebautem Rotor. Wichtig: Der Luftspalt zwischen Rotor und Fanring sollte so eng wie möglich sein. Dazu muss der Rotor (und der Motor) sehr exakt zentriert und ausgewuchtet sein

9.2.2 Wichtige Kenngrößen

Der Fanringdurchmesser und die Ringfläche (A in cm²) kennzeichnen die Impellergröße. A ergibt sich aus der vom Mantelrohr umschlossenen Kreisfläche abzüglich des Nabenquerschnitts.

Die wichtigsten Kenngrößen sind die pro Sekunde durchgesetzte Luftmasse (M in kg/s) und der daraus resultierende Schub (S). Er wird in Newton (N) gemessen, oft aber – physikalisch nicht ganz korrekt – in Gramm (g) bzw. Kilogramm (kg) angegeben. Wer 1 kg schreibt, meint 10 N – oder so!

Gleichfalls von Bedeutung ist die Strömungsgeschwindigkeit v_s. Sie ergibt sich aus Schub und Düsenquerschnitt, bemisst sich in m/s (bzw. km/h) und ist etwa vergleichbar v_{ref} beim Propeller (Abschnitt 9.1.3). Auch sie sollte die Fluggeschwindigkeit des Modells etwas, aber keinesfalls zuviel, übersteigen, weil sonst der Wirkungsgrad ins Bodenlose absinkt.

9.2.3 Größe und Ausführung von Fantriebwerken

Nur noch selten greifen jetbegeisterte Modellflieger zu Säge und Schleifklotz, um sich ihren Impeller selbst zu „schnitzen". Die Zubehörfirmen bieten derzeit bereits ein breites Angebot an Fantriebwerken für nahezu alle Leistungsklassen. Es beginnt bei einem Fanringdurchmesser von 60 mm (A ≈ 25 cm²) für Motoren der SPEED-400-Klasse. Häufig eingesetzt werden, zunehmend bei mehrstrahligen Jetmodellen, preisgünstige Antriebsmaschinen der Größe 480, für die sich

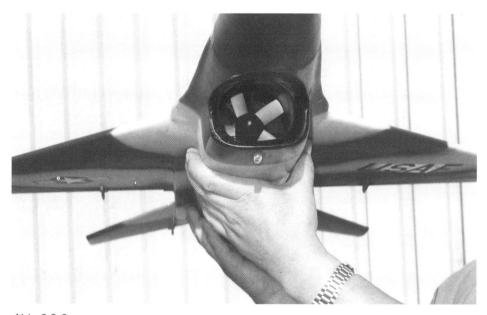

Abb. 9.2-2
Man muss schon den richtigen Blickwinkel einnehmen, um bei dieser F-16 die versteckte Antriebsquelle, einen 89-mm-Schwerdtfeger-Impeller zu entdecken. Gut sichtbar auch der gegenüber dem Original vergrößerte Lufteinlass mit den gerundeten Einlauflippen

Abb. 9.2-3
Vierstrahliger Jumbolino beim Landeanflug

Abb. 9.2.3-1
Impeller sind in Durchmessern von ca. 50 bis 120 mm im Handel. Nur bei den kleinsten
Modellen dominiert heute noch der mechanisch kommutierte Motor

Abb. 9.2.3-2
Wie viele Blätter braucht ein Rotor? Es hängt vom Einsatzzweck ab. Wenige Blätter verbessern den Wirkungsgrad, können aber weniger Druckdifferenz aufbauen. Bei stark verengter Einlauffläche ist also mitunter ein mehrblättriges Exemplar besser

Impeller von 68 bis 70 mm (A $\approx$ 30 cm^2) eignen. Beliebt und weit verbreitet ist auch der 90-mm-Impeller (A $\approx$ 50 cm^2), für den Motoren mit max. 38 mm Außendurchmesser bestimmt sind und mit dem man bereits in das Leistungsspektrum von über 600 Watt vorstößt. Darüber schließlich verarbeiten Impeller von 105 bis 120 mm Rotordurchmesser (A $\approx$ 80 bis 90 cm^2) die Leistungswünsche der „30-Zellen-Flieger". Eine interessante Spezialität stellen so genannte Zweiwellentriebwerke dar, die mit zwei gegenläufigen Rotoren, dafür ohne Stator, arbeiten (derzeit jedoch nur in Bausatzform erhältlich).

Auch für den Impeller gilt: Größer ist besser. Daher sollte immer der zur Verfügung stehende Querschnitt weitestgehend ausgenutzt werden.

9.2.4 Einbaufragen

Bei außen liegenden Triebwerken ergibt sich der Einbauort zwangsläufig und bereitet meist auch keine schwer wiegenden Probleme. Schwieriger ist die Unterbringung eines Impellers im Rumpf. Hier muss man sich mit der Tatsache abfinden, dass der Impeller plus die ihn mit der Außenwelt verbindende „Kanalisation" den allergrößten Teil des Rumpfquerschnitts für sich in Beschlag nehmen. Da Strömungsverluste bevorzugt im Einlaufbereich auftreten, sollte das Fantriebwerk nicht zu weit hinten, am besten in Schwerpunktnähe, angesiedelt sein. Der Einlaufkanal verläuft im günstigsten Fall geradlinig und weist keine sprunghaften Querschnittsveränderungen auf, damit nicht infolge von Luftturbulenzen Druckverluste zu beklagen sind. Auch das Schubrohr wird sich im Idealfall erst kurz vor der Düse sanft (auf minimal 0,75 A) verengen. Bei zu kleiner Düse ergibt sich zwar eine hohe Strahlgeschwindigkeit, gleichzeitig kann der Schub dabei aber bedingt durch die dann hohe Schaufelbelastung des Rotors überproportional abfallen.

Alles Wissenswerte zum Thema Impeller hier aufzuführen würde den Rahmen dieses Buches bei weitem sprengen. Der Autor verweist deshalb auf sein ebenfalls im Neckar-Verlag erschienenes Fachbuch ElektroIMPELLER (ISBN 3-7883-1102-9), wo dieses interessante Gebiet ausführlich behandelt wird.

Abb. 9.2.4 a
Einlaufgestaltung bei Modellen mit Lufteinlässen an der Flächenwurzel (z.B. Vampire). Der Impeller steckt in einem Ringspant, der gleichzeitig als Flächenverbindung dient

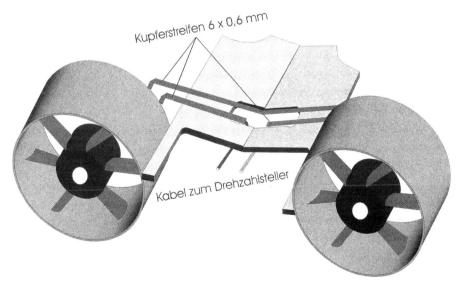

Abb. 9.2.4 b
Detaillösung der Stromzuführung für Modelle mit seitlich am Rumpf liegenden Triebwerken wie beispielsweise die Fairchild A 10

Abb. 9.2.4-1
Elektro-Starfighter beim Start

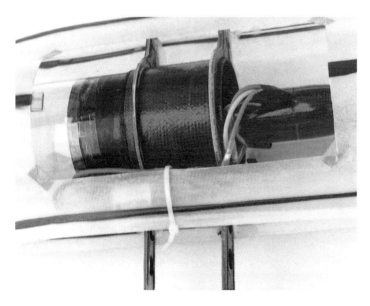

Abb. 9.2.4-2
Der Schübeler-
Impeller besteht aus
Kohlefaser mit
Wabenstützstoff und
ist dadurch beson-
ders leicht (ca. 60 g).
Bei 90 mm
Rotordurchmesser
können 10 bis 17 N
Schub erzeugt wer-
den. Hier im
Rumpfausschnitt
einer F-16 mit noch
unverkleideter Drei-
Phasen-Stromzu-
führung

Abb. 9.2.4-3
Vierstrahliger Silent-Jet. Als Antrieb genügen 4 Speed-Motoren der Eco-Klasse

10. Das Elektroflugmodell
– Tipps für bessere Flugleistungen

Wer bisher gewohnt war, unzureichende Flugleistungen allein mit dem Griff nach einem größeren Motor zu beantworten, stößt beim Elektroflug rasch an Grenzen. Eine größere Antriebsmaschine verlangt schließlich auch nach mehr Energie, und diese kann letztlich nur einem größeren Akku entsteigen. Besser ist es daher, beim Leistungsbedarf des Modells anzusetzen und die Bauweise bzw. Bauausführung des Modells kritisch auf Verbesserungsmöglichkeiten hin abzuklopfen. Dazu muss man das Flugzeug nicht von Grund auf selbst konstruieren und bauen, wenngleich diese Vorgehensweise ganz unbestritten den größten Spielraum für die Verwirklichung nachstehender Ratschläge bietet. Doch auch Tütensuppen lassen sich im Detail „verfeinern".

Wo aber sollen wir nun mit unserem Optimierungsdrang ansetzen? Nun, halten wir uns vor Augen: Ein Flächenmodell auf Höhe zu bringen kommt letztlich dem Bemühen gleich, ein Gewicht über eine schräge Rampe (schiefe Ebene) nach oben zu transportieren. Dies gelingt um so leichter,

- je kleiner das Gewicht ist und
- je besser es auf seiner Unterlage gleitet.

Damit haben wir auch schon die kardinalen Tugenden genannt, auf welche es bei einem Modellflugzeug ankommt:

- Geringes Gewicht
- Aerodynamische Qualitäten.

10.1   Und so wird's leichter

Leichtbau im Modellflug. Die Problematik lässt sich mit zwei Sätzen auf den Punkt bringen:

Leicht fliegt sich leichter, doch schwer baut sich leichter!

Leichtbau erfordert also ein gewisses Maß an bautechnischer Präzision, denn Messdifferenzen lassen sich nicht einfach mit Harz „zuschütten". Vorüberlegungen bei der Materialauswahl sind unerlässlich und Kleinigkeiten beachtenswert. Halten wir uns dazu jenen Bergsteiger vor Augen, der dafür bekannt war, immer den leichtesten Rucksack zu haben. Auf die Frage, ob er jedes Kilo vorher auf die Waage lege, kam die lapidare Antwort: Nicht Kilo, Gramm!

Überprüfen wir also kritisch jedes einzubauende Teil, ob es nicht durch ein leichteres ersetzt werden kann, das seine Aufgabe **an dieser Stelle** genauso erfüllt. Verlieren wir dabei aber auch die nötige Festigkeit nicht aus den Augen, denn was nutzt das bestfliegende Modell, wenn es sich in der Luft zerlegt oder nach der ersten Landung schon zum Reparaturfall wird.

Abb. 10.1-1
Echte Holzwürmer sind einfach viel ausgeglichener, wenn man sie täglich Löcher bohren lässt

Abb. 10.1.1-1
Der Antriebsakku sollte in Grenzen verschiebbar eingeplant werden

Bereiche, die nur mit äußerster Vorsicht in unsere „Schlankheitskur" mit einbezogen werden sollten, sind generell:

- Flächenwurzel
- Akkuaufnahme
- Fahrwerksbereich.

Diese Zonen sind nun zwar keineswegs tabu, doch sollten wir uns erinnern, dass die im Zentrum konzentrierte Masse des Energiespeichers eben ihren Tribut fordert.

10.1.1 Leichtgewichtige Einbauten –
nur was sein muss, muss sein

An erster Stelle wäre hier die Empfangsanlage zu nennen, die dank neuzeitlicher hochintegrierender Technik inzwischen mit einer unglaublichen „Leichtigkeit des Seins" zu gefallen weiß. Doch ignorieren wir nicht die unumstößlichen Gesetze der Physik: Der für Saalflug konzipierte Mikroempfänger wird ein Großmodell nicht in jeder Flugentfernung beherrschbar machen, und Servos brauchen bei schnellen Modellen einfach mehr Kraft, um sich gegen die Luftkräfte zu behaupten. Gleiches gilt für den Energiespender Empfängerakku (falls man sich nicht eines BEC bedient). Wenn er „in die Knie geht", wird das stärkste Servo weich!

Und dennoch finden sich gerade bei diesen zu absoluter Verlässlichkeit verdammten Mitarbeitern häufig ungenutzte Einsparpotentiale.

Mehr als 25 bis 30 Gramm braucht ein Empfänger nicht zu wiegen, um allen an ihn gestellten Anforderungen in puncto Empfindlichkeit und Trennschärfe zu genügen. Indes freut sich ein Miniempfänger über jede Erleichterung seiner Arbeitsbedingungen. So müssen wir nicht unbedingt die Antenne im Rumpfinneren nach hinten führen, wo Metallseile und Stahldrähte mit ihr um jedes Mikrovolt der Senderfeldstärke buhlen! Auch nutzen Empfänger, die nach dem Doppelsuperprinzip arbeiten und damit zwangsläufig etwas gewichtiger ausfallen, nur dann, wenn am Standort wirklich Kreuzmodulationsstörungen auftreten.

Servowinzlinge haben erstaunlich viel Kraft, wenn wir bei ihnen den gesamten zur Verfügung stehenden Weg ausnutzen. Leider verleiten moderne RC-Anlagen mit der Möglichkeit der Wegereduzierung hier zu wahrlich tödlichen Sünden.

Antriebsakkus werden **vor** jedem Flug aufgeladen, warum nicht auch der Powerpack des Empfängers? Auf diese Weise genügt ein 4,8-Volt-Akku von kleinerer Kapazität und damit reduziertem Gewicht. Sicherheit bleibt gleichwohl oberstes Gebot. So hat der Autor ermittelt, daß ein Servo der 17-g-Klasse während eines 5-minütigen Flugs – so die Züge nicht klemmen – maximal 10 mAh konsumiert (dies kommt einem durchschnittlichen Dauerstrom von 120 mA gleich). Die Verbräuche des RC-Empfängers und eines Opto-Drehzahlstellers sind marginal. Ein 50-mAh-Empfängerakku verfügt also bei einem derartigen Modell mit zwei Servos noch über stattliche Reserven. Vorsicht ist allerdings geboten bei Temperaturen unter 10 °C, denn dann kann es kritisch werden mit dem Innenwiderstand. Bei Elektroseglern, wo der fliegerische Lustgewinn auch mit seiner zeitlichen Ausdehnung wächst, akzeptieren wir selbstredend andere Gesetze. Jetzt erinnern wir uns neuzeitlicher Akkutechnologien und bitten den guten alten NiCd-Akku, erforderlichenfalls einem NiMH-Mitstreiter mit 50 Prozent höherer Energiedichte Platz zu machen.

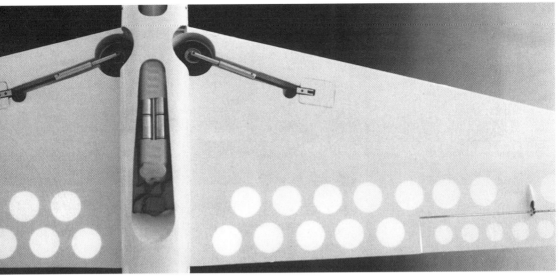

Abb. 10.1-2
Erleichterungsbohrungen bei Sandwichfläche eines Kunstflugmodells

10.1.2 Fly bleifrei

Der Schwerpunkt muss stimmen, das ist ein unumstößliches Gebot. Es wäre indes paradox, einerseits Löcher in das Servogehäuse zu bohren (nach Einschätzung des Autors Leichtbau im Bereich eines Zuviel-des-Guten) und dann Bleiklötze in die Flugzeugnase zu kleben. Dass in heutigen Tagen auch bei ambitionierten Verbrennungsmotor-Fliegern „fly bleifrei" angesagt ist, dürfte mittlerweile der Geheimnishaftigkeit entwunden sein. Dies setzt allerdings eine vorherige Momentenberechnung voraus. Elektroflieger haben es leichter mit der Leichtigkeit, denn es braucht nur der Antriebsakku hin und her verschoben zu werden, um ohne Ballastzugabe auf die korrekte Schwerpunktlage zu gelangen. Entsprechende Bewegungsspielräume sollten auch im Fertigmodell vorhanden sein. Die dann zwangsläufig entstehenden Leerzentimeter vor und hinter dem Akku füllt man sinnvollerweise mit Hartschaum aus, wodurch auch willkommene Knautschzonen entstehen.

Mitunter erfordert dies freilich auch die Bereitschaft zu unkonventionellen Lösungen. Bei Oldtimern aus der Zeit des 1. Weltkriegs beispielsweise hat der Modellbauer zuweilen mit deren „Kurznasigkeit" Probleme, Extremproportionen, welche die damals eingesetzten Umlaufsternmotoren erzwangen. Hier waren bereits Sternmotor-Attrappen zu bewundern, deren Zylinder mit „Sanyo" beschriftet waren!?!

Abb. 10.1.2-1
Fläche des Funflyers Diablotin. Nichts wiegt leichter als eingesperrte Luft

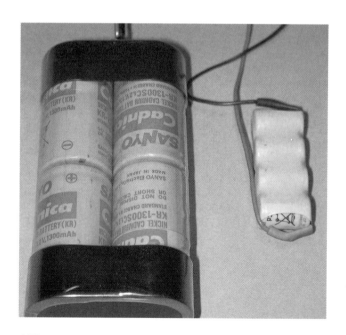

Abb. 10.1.2-2
Der Empfängerakku kann
auch kleiner sein, wenn er
vor jedem Flug geladen
wird

Abb. 10.1.3-1
Weniger bringt mehr – ausgebohrter Motorspant beim Oldtimer Pfalz E-1

Abb. 10.1.3-2
Leichtbau darf man sehen

Abb. 10.1.3.-3
Wettbewerbsflieger arbei-
ten mit allen Tricks:
Leichte, aber hochfeste
Carbonschnauze; die
„schweren" Schrumpf-
schläuche um Controller
und Akku werden durch
Captonband ersetzt

10.1.3 Weniger ist mehr

Natürlich gibt es auch elektroflugtypische Bauweisen, die dem Umstand
Rechnung tragen, dass ein Elektromotor im Gegensatz zu einem Verbrenner sich
beim Arbeiten nicht schüttelt. Rümpfe benötigen deshalb vor allem in der rück-
wärtigen Zone kaum Spanten; die verbleibenden können bis auf einen schmalen
Rand ausgehöhlt werden. Ein reichlicher Gewichtsanteil kommt bei VB-Modellen
dem Motorspant zu, welcher dort ja vibrationsfest aufgebaut sein muss. Auch
hier hilft das (Aus-)Bohren dicker Bretter bzw. der Griff zur Stichsäge, wobei man
nur so viel stehen lassen muss, dass der E-Motorträger noch sicher zu befesti-
gen ist. Letzterer sollte allerdings schon mal die Folgen eines unbeabsichtigten
Startabbruchs (intensivierter Propellerkontakt mit der Botanik) oder eine Über-
schlaglandung aushalten können.

Weitere durchaus nennenswerte Einsparpotentiale ordnen sich unter dem Motto:
Kleinvieh … ein. So ist es kein Problem, manche eiserne Einschlagmutter durch
in Sperrholz geschnittene Gewinde zu ersetzen, wenn man diese nach dem
Schneiden (mit 75% Durchmesser vorbohren) mit Sekundenkleber härtet.
Metallschrauben können fast immer durch leichtere aus Kunststoff ausgetauscht
werden und Spannschlösser und Kabinenhaubenriegel muss man nicht unbedingt aus dem Gartenbaumarkt beziehen.

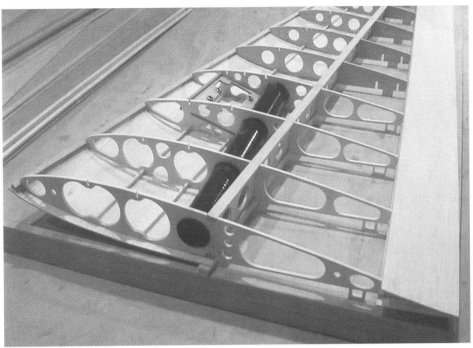

Abb. 10.1.4-1
Bei hoch belastetem Flächenmittelteil hat sich die Kombination aus (ausgesägtem) Sperrholz und Kohlerohr bewährt

10.1.4 Holzwahl

Entscheidende Bedeutung kommt der Holzauswahl zu.

Das zum Bau von Modellen am häufigsten verwendete Material ist Balsaholz – ein Naturstoff. Entsprechend unterschiedlich fallen die einzelnen Brettchen und Leisten aus. Leichte Ware hat eine Dichte von 0,08 bis 0,15 g/cm³. Damit wiegt ein Brettchen der Standardgröße 1000 mm x 100 mm pro Millimeter Dicke 8 bis 15 Gramm. Noch leichtere Balsahölzer, sogenanntes „Matschbalsa", eignen sich als Form- und Füllmaterial ohne tragende Funktion. Für alle Flächenbeplankungen sollte man nach Hölzern der o.g. Dichte suchen. Mittelschweres Holz (bis 2,5 g/cm³) findet Verwendung dort, wo es auf große Festigkeit ankommt, wie z.B. zur Herstellung von Rippen, als Beplankung im Rumpfbereich oder zum Schneiden von Leisten. Brettchen, die in ihrer Dichte über 2,5 g/cm³ liegen, sollte man beim Elektroflug nicht verwenden, sie ruhig auch, falls Teil eines Baukastens, gegen leichteres Material austauschen.

Sperrholz setze man sparsam, aber gezielt dort ein, wo hohe Belastungen auftreten können. Die leichte, nur dreischichtige Sorte, aus der wir als Kinder „Schneewittchen und die sieben Zwerge" ausgesägt haben, taugt bestenfalls für eine Servohalterung. Wichtige Spanten bestehen aus mindestens 5- bis 7fach verleimtem Material, das allerdings auch seinen Preis hat.

Auch Kiefernholz hat in der Form von Leisten einen festen Platz im Regal eines Leichtbauexperten. In Baukästen sind Kiefernleisten meist als Flächenholme zu finden. Auch wenn auf das abendfüllende Thema „Gewichts- und Stabilitätsfragen bei Tragflächen" in diesem Rahmen verständlicherweise nicht eingegangen werden kann, sei doch der abschließende Hinweis nicht vorenthalten, bei Kiefernholmen unbedingt auf einen gleichförmigen Faserverlauf zu achten. Auch hier sollte man sich nicht scheuen, auch mal 'ne Leiste wegzuwerfen.

Leichtigkeit gepaart mit Festigkeit, Ziel aller diesbezüglichen Bemühungen, wird immer mit sinnvoller Materialkombination am besten erreicht, so z.B. durch die Sperrholz-Balsa-Sandwichbauweise, wo ein dickeres Balsabrettchen beidseitig mit sehr dünnem Sperrholz oder CfK-Matte beklebt wird. Das liefert erhöhte Oberflächenfestigkeit kombiniert mit (durch die Balsadicke) vergrößerter seitlicher Schnittfläche.

10.1.5 Klebstoffe

Unnütze „Pfunde" verstecken sich zuweilen auch in Klebstoffen. Wenn kein Übermaß an Elastizität gefordert ist, ergeben Klebstoffe auf Cyanacrylat-Basis (Sekundenkleber) die leichtesten Verbindungen. Mit dünnflüssigen Klebern lässt sich auch Balsaholz stellenweise härten.

Leichter als sein Ruf ist Weißleim, der vor allem, wenn verdünnt (2 Teile Ponal Holzleim + 1 Teil Wasser), sehr tief in Weichholz eindringt und außerordentlich zähe Verbindungen zustande bringt. Da ca. 80 Prozent der Substanz beim Trocknen verdunsten, bleibt viel Schwere nicht zurück, sofern man überquellende Anteile sauber weggewischt hat. Das Wertvollste an verdünntem Weißleim ist allerdings seine gemächliche Art des Aushärtens. Der Modellbauer sollte sie als Denkpause nutzen. Schneller geht es mit Expressleim, bei dem man die Kontaktstellen allerdings gut pressen muss.

Hartkleber haben eine rasche Abbindezeit (man kann weiterarbeiten), brauchen aber mindestens 1 Stunde, um richtig auszuhärten. Sie eignen sich im Gegensatz zu Weißleim aber auch für kleinflächige Klebestellen, da mit ihnen Vermuffungen möglich sind.

Modellbau wäre heute ohne Epoxi-Kleber, die es mit verschiedenen Reaktionszeiten gibt, nicht denkbar. Sie verkleben nahezu alle gängigen Materialien mit großer Festigkeit. Aber Vorsicht, sie bringen Gewicht. Daher sollten wir sie nur sehr gezielt einsetzen. Erhitzen macht sie dünnflüssig und lässt sie in Holz eindringen. Müssen größere Volumina verarbeitet werden, sollten sie mit leichtem Füllstoff (Microballons, Baumwollflocken etc.) gemischt werden. Der Zusatz von Thixotropiermitteln verhindert das Wegfließen.

Ähnliches gilt für Zwei-Komponenten-Kleber auf Polyesterbasis (z.B. Stabilit). Benötigt werden sie nur bei bestimmten Kunststoffen, aus denen Rümpfe geblasen werden. Viel Stabilit bedeutet nicht gleich viel Festigkeit, stets aber einen bedeutenden Zuwachs an Masse! Man verwende es, wenn unbedingt nötig, sehr sparsam.

Tabu für Elektroflug sind hingegen alle Arten von Heißklebern!

10.2 Elektroflugmodell im Windkanal

Wer sich ausschließlich mit Saalflugmodellen oder Oldtimern bis zur WW-I-Ära beschäftigt, braucht hier nicht unbedingt zu verweilen. Die nicht immer ganz einfach zu fassenden Erkenntnisse der Aerodynamik waren der Fliegerei eben nicht voraus, sondern durchlebten in den ersten beiden Jahrzehnten des 20. Jahrhunderts ihre gemeinsame Pionierzeit.

Wenn der Elektroantrieb beim Modellflugzeug in den zurückliegenden Jahren anderen Antriebsarten gegenüber Boden gut machen konnte, so verdankt er es nicht zuletzt der angewandten Aerodynamik. Die Wettbewerbsklassen F3B (Hot-Segler) und F3D (Pylonrenner) sind ohne diese in die Modellbaupraxis eingeflossenen Erkenntnisse gänzlich undenkbar. Ein schnelles Modell „lebt" eben von einem guten c_w-Wert. Die Fortschritte wurden dabei vorwiegend empirisch erzielt. Erst in den letzten Jahren schafften es Modellflug-Enthusiasten, vereinzelt auch in das Innere eines Windkanals vorzudringen. Im Rahmen dieser auf die Praxis zugeschnittenen Abhandlung müssen indes einige prägnante Hinweise genügen.

10.2.1 Spinner, mehr als eine Spinnerei

Jedes Motormodell sollte – nicht allein aus optischen Gründen – eine Verkleidung des Luftschrauben-Mittelteils, also einen Spinner, besitzen, der natürlich dem Rumpfdurchmesser angepasst sein muss. Auch ist darauf zu achten, dass der Übergang Spinner/Rumpf harmonisch und nahezu spaltfrei erfolgt. Man bedenke, dass im Bereich des Propellers eine hohe Strömungsgeschwindigkeit herrscht. Der bestangepasste Spinner allerdings taugt nichts, wenn er „eiert" oder eingebaute Unwuchten enthält. Man überantworte ihn der Obhut einer Mülltonne, oder – besser – schicke ihn an den Hersteller zurück.

10.2.2 Innenkühlung des Modells – die Kunst, das rechte Maß zu finden

Keine Frage, Elektromotoren lieben es eher kühl, weshalb es nicht schaden kann, ihnen im Betrieb etwas frische Luft zuzufächeln. Doch man sollte es damit nicht übertreiben, schon deshalb nicht, weil es bei den hier verwendeten Elektromotoren meistens gar nicht möglich ist, die Wärme am Entstehungsort (z.B. Wicklung) abzuführen. Außerdem „versaut" uns eine zu groß geratene Lufteinlasshutze nicht selten die ganze mühsam aufpolierte Aerodynamik.

Am wenigsten stören Belüftungsöffnungen, welche als flache Vertiefungen in den Rumpf eingelassen sind. Man beachte ferner: Die einströmende Luft muss auch irgendwo wieder hinaus können! Nicht verfehlt ist es, wenn der Luftstrom so eben auch noch bei der Batterie vorbeikommt.

Vor Installation einer Motorkühlung sollte Klarheit darüber bestehen, welcher Motortyp später eingebaut werden soll.

Die so genannten Billigmotoren haben meist einen etwas unterdimensionierten Kollektor, weshalb sich hier eine direkt über den Kollektor blasende Querstromkühlung anbietet. Ob eine so geartete Lüftung effektiv genug arbeitet,

Abb. 10.2-1
Als das Original dieser Bleriot entstand, war der Windkanal noch nicht erfunden

*Abb. 10.2.1-1
Spinner von
Kunstflugmodell E-Faktor:
Aerodynamische Güte und
Leichtbau brauchen sich
nicht gegenseitig auszu-
schließen*

Abb. 10.2-2
Radverkleidungen wie hier am Bein einer Extra 300 sind nicht nur für die Optik gut!

lässt sich leicht daran erkennen, wenn bereits nach wenigen Flügen auslassseitig deutliche Spuren von Kohleabrieb erkennbar werden.

Bei Neodym-Motoren, deren Magnete eine nur begrenzte „Tropentauglichkeit" aufweisen, empfiehlt es sich, den kühlenden Luftstrom längs oder diagonal über den Motormantel streichen zu lassen.

10.2.3 Rundungen – nicht allein der Schönheit wegen

Natürlich sieht ein verrundeter Rumpf besser aus als eine kantige „Holzkiste". Aber rund ist auch strömungsgünstiger. Der Grund hierfür ist darin zu sehen, dass die Luft bei dem klassischen Vier-Brettchen-Rumpf normalerweise mit unterschiedlichen Geschwindigkeiten an den einzelnen Seitenwänden vorbeistreicht.

Dadurch kommt es an den Kanten zu so genannten Interferenzerscheinungen, die sich widerstanderhöhend auswirken. Auch Holzrümpfe lassen sich mit Balsahobel und Schleifklotz schön verrunden, eine Arbeit, für deren Ausführung sich moderne Küchen und eheliche Schlafzimmer allerdings weniger eignen.

Ebenso verhält es sich mit den Rumpf-/Flächenübergängen. Auch sie sollten keineswegs abrupt verlaufen. Leitwerke, das hat sich eingebürgert, baut man der Einfachheit halber meist aus einem Brettchen. Warum nicht? Allerdings kann diese häufig geübte Praxis nicht die Erkenntnis verdrängen, dass profilierte Leitwerke widerstandsgünstiger sind.

Zu erwähnen wären in diesem Zusammenhang auch die Randbogen, welche den durch Randwirbel verursachten induzierten Widerstand an Tragflächen reduzieren sollen. Ähnlich ungünstigen Einfluss wie die Randwirbel üben auch Druckausgleichsvorgänge durch Ruderspalte aus, weshalb Folienscharniere stets die bessere Lösung darstellen. Mit aus diesem Grund kleben Wettbewerbsflieger auch die Flächen-/Rumpfübergänge stets mit Klebeband ab.

Ähnliches gilt für alle Ruderspalte. Wenn wir nicht gerade Hohlkehlen verwenden, so stellen Ruder stets Einkerbungen der Oberfläche dar, verbunden mit mehr oder (besser!) weniger breiten Spalten, über die sich ein Teil der Strömungsdifferenz zwischen Druck- und Sogseite ausgleicht. Leistungsbewusste Modellflieger verwenden daher Ruderspaltabdeckungen, die gewöhnlich auf der Druckseite, also unten, angebracht werden. Leicht zu fertigen sind sie aus zwei unterschiedlich breiten Klebefilmstreifen (z.B. 13 und 19 mm), welche man mit der haftenden Seite aufeinander klebt. Mit dem übrig gebliebenen, klebenden Reststreifen fixiert man diese unmittelbar vor dem Ruderspalt, der dann sauber abgedeckt wird.

Abschließend zu erwähnen wären die Fahrwerke moderner Sport- und Kunstflugmaschinen. Sie sehen mit „Radschläppchen", also aerodynamischer Verkleidung, nicht nur besser aus. Keinesfalls zu vernachlässigen ist auch der Luftwiderstand der Fahrwerksträger (-beine). Rundstähle erzeugen erhebliche Turbulenzen und sollten, wenn immer möglich, eine Strömungsverkleidung erhalten. Gleiches gilt übrigens für alle Arten von Verstrebungen an Flächen und Leitwerken.

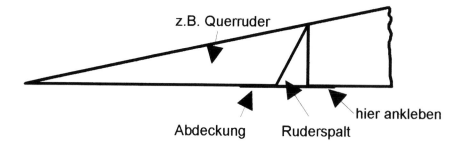

Abb. 10.2 a
Ruderspaltabdeckung für verbesserte Aerodynamik. Am einfachsten herstellbar aus zwei unterschiedlich breiten Tesastreifen (13 und 19 mm), die mit der haftenden Seite aufeinandergeklebt werden

11. Nützliche Gerätschaften – Messen bringt Werte

Zweimal gemessen ist besser als einmal verschätzt; meist auch zeitsparender, aber natürlich weit weniger spannend! Denn es liegt nun mal leider in der Natur des Elektroflugs, dass die bei ihm relevanten physikalischen Größen unseren unbewehrten Sinnen nicht zugänglich sind. Doch auch Messungen können Fehlinformationen liefern, ein gefährlich trügerisches Gefühl von Sicherheit vermitteln, wenn der modus operandi so gar nicht stimmt. Wichtig ist daher zweierlei: die richtige Messmethode und die richtigen Messmittel (Messgeräte).

11.1 Vorsicht, Kleinspannung!

Nein, Lebensgefahr besteht nicht bei Spannungen, wie sie beim Elektroflug vorkommen, auch wenn es beim Berühren der Ladeausgänge eines Schnellladers einmal ein bisschen kribbeln sollte. Wir bewegen uns auch bei Großmodellen im Bereich der Kleinspannungsverordnung, und das ist gut so!

„Gefährlich" sind Spannungen im Bereich von 5 bis 40 Volt aber deshalb, weil hier bereits geringste Spannungsverluste im Bereich oft weniger Zehntelvolt schon zu erheblichen Leistungsverlusten führen können. Kleine Spannungsabfälle, das ist das, was auf dem Weg zwischen Akku und Motor (siehe Abb. 3.1 a) „auf der Strecke" bleibt, addieren sich rasch zu ordentlichen Verlustposten. Wenn nämlich bei 7 Volt Batteriespannung unterwegs auch nur ein einziges Volt verloren geht, so beträgt die Verlustrate nahezu 15 Prozent. Also, wer das Millivolt nicht ehrt …!

An die Gerätetechnik wie auch an die Vorgehensweise stellt die Spannungsmessung dagegen keine unerbringlichen Forderungen. Es genügt ein einfaches Multimeter, vorzugsweise digital, und der Grundsatz, immer direkt am Objekt zu messen. So können uns Leitungsspannungsabfälle das Messergebnis nicht verfälschen.

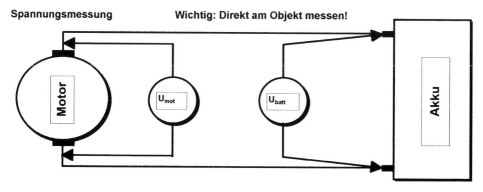

Abb. 11.1 a

11.2 Achtung, Starkstrom!

Auch starke Ströme bergen keine gesundheitlichen Gefahren, vorausgesetzt, sie fließen nicht durch unseren Organismus (und dazu bedarf es hoher Spannungen). Indessen haben starke Ströme ein nicht ganz ungetrübtes Verhältnis zur Messtechnik. Denn kaum „merken" sie, dass man ihnen auf den Zahn fühlen will, ändern sie auch schon ihr Verhalten (beinahe menschlich, nicht wahr?).

Daher gilt hier der oberste Grundsatz: Starke Ströme, wenn möglich, immer unterbrechungsfrei messen. Dazu gibt es Zangenamperemeter, die einfach und auch berührungslos das eine Leitung umgebende Magnetfeld auswerten. Dessen Intensität entspricht exakt der Stärke des den Leiter durchfließenden Stroms, vorausgesetzt, man befindet sich nicht in unmittelbarer Nähe eines starken Fremdfelds (herrührend z.B. vom Dauermagneten eines Elektromotors). Daher Abstand halten, 5 Zentimeter genügen!

Stehen entsprechende Mittel nicht zu Gebote, so muss der Stromkreis an geeigneter Stelle aufgetrennt und das Messgerät dort „eingeschleift" werden. Hierdurch dürfen sich aber die Widerstandsverhältnisse im Stromkreis nicht merklich verändern. Also: Keine zusätzlichen Kabellängen importieren, sondern Amperemeter direkt „vor Ort" postieren. An welcher Stelle des Stromkreises aufgetrennt wurde, ist übrigens egal. Leider reicht der Strombereich eines gewöhnlichen Multimeters nur bis 10 (max. 20) A, was in unserem Fall etwas zu kurz greift. Die Zubehörindustrie bietet mittlerweile aber sehr kompakte Messgeräte speziell für Elektroflug an, die 50 oder kurzzeitig (!) 100 A meistern. Sinnvollerweise lassen sich solche Instrumente dann auch auf Spannungs- und Drehzahlmessung umschalten.

Ein bei dieser Strommessmethode eventuell auftretendes Problem darf nicht verschwiegen werden: Die Geräte enthalten einen Shuntwiderstand, der gewöhnlich

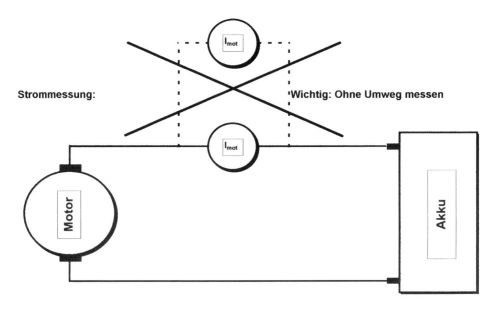

Abb. 11.2 a

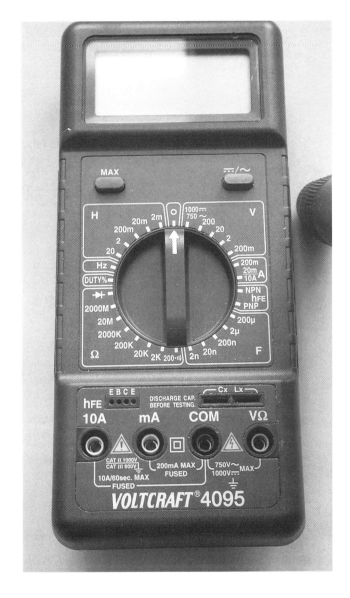

Abb. 11.2-1
Mit so einem Multimeter
lässt sich nahezu alles
messen. Nur bei Strömen
>10 A kapituliert es

zwar nur 1 oder 10 mΩ beträgt. Dies ist aber mitunter genug, um die Arbeit eines Drehzahlstellers oder Controllers empfindlich stören zu können. Diese Geräte sind nämlich darauf angewiesen, den NiCd-Akku als zusätzlichen Kondensator mit zu nutzen, ein Unterfangen, bei dem so ein Shunt doch schon stören kann. Es kommt deshalb bisweilen zu einer „Überforderung" des eingebauten Eingangskondensators, mit der möglichen Folge, dass dieser sehr heiß wird und schließlich sogar platzt.

Abb. 11.2-2
3 in 1-Power-Meter von Simprop (Nr. 011 09 49), auf die Bedürfnisse des Elektrofliegers abgestimmtes Multimessgerät. Misst Spannungen (bis 20 V bzw. 50 V) und Ströme (bis 20 A bzw. 100 A) sowie Drehzahlen mittels optischem Sensor

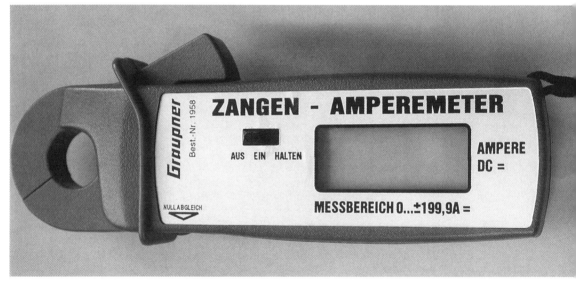

Abb. 11.2-3
Mit einem Zangenamperemeter lässt sich der Strom unterbrechungsfrei messen

Hier bleibt dann nur noch, die Not zur Tugend werden zu lassen und die im Stromkreis ohnehin vorhandenen Widerstände als Shunt zu „missbrauchen". Es ist dies die bewährte Stecknadelmethode. Man benötigt zwei davon und pikst diese in möglichst großem Abstand durch die Isolierung eines Kabels, so, dass die Kupferseele getroffen wird. Bekannt sein muss der Kupferquerschnitt (A) des „angezapften" Kabels (üblich sind 1,0; 1,5; 2,5 und 4,0 mm²). Messen sollte man möglichst genau die Distanz (d) zwischen den Einstichstellen und den dazwischen auftretenden Spannungsabfall (U). Den Rest regelt das ohmsche Gesetz:

$$\text{Strom (I in Ampere)} = \frac{\text{Spannung (U in Volt)}}{\text{Widerstand (R in Ohm)}} = \frac{K_{cu}{}^{*} \times U \times A}{d}$$

$^{*}K_{cu} = 56\ m \times mm^{-2} \times \Omega^{-1}$ … spezifischer Leitwert von Kupfer

Beispiel:
Wir messen: U = 0,02 V, d = 0,1 m, der Kupferquerschnitt A beträgt 2,5 mm^2

$$\text{Wir setzen ein: I} = \frac{56 \times 0,02 \times 2,5}{0,1} = 28\ A$$

Genau stimmt die Angelegenheit bei 18 Grad C (so ist K_{cu} definiert). Der Fehler bleibt, wenn wir die Messung nicht allzu lange ausdehnen, in vernachlässigbaren Grenzen.

11.3   Wie aus dem Dreh noch Zahlen werden

Drehzahlmessungen basieren beim Modellflug stets auf dem berührungslosen optoelektrischen Prinzip. Man nutzt hierbei die Helligkeitsmodulation, die das Licht durch einen rotierenden Propeller erfährt. Ein Phototransistor bzw. Photowiderstand dient dabei als Lichtsensor. Die von ihm registrierten Helligkeitsschwankungen werden nun aber nicht etwa direkt gezählt, wie man vielleicht annehmen könnte (dabei würde eine genaue Messung ziemlich lange dauern), sondern indirekt ausgewertet.

Bei Geräten der preisgünstigen Kategorie wird die durch die Lichtschwankungen angeregte Impulsfolge integriert, also in eine Spannung umgesetzt (d.h., je mehr Lichtimpulse pro Sekunde, desto höher wird die Spannung) und dann über ein Digitalvoltmeter zur Anzeige gebracht. Dieser Umweg schränkt die Messgenauigkeit etwas ein, vornehmlich im oberen Messbereich. Man kann die Grundeichung dieser Geräte sehr leicht nachprüfen, indem man die Optik des Drehzahlmessers gegen eine Kunstlichtquelle richtet. Es sollten dann 3000 ± 1dig angezeigt werden, das entspricht genau den 100 Helligkeitsschwankungen, die ein mit 3000 min^{-1} rotierender Zweiblattpropeller erzeugt. Leider beinhaltet das hier beschriebene Prinzip, dass man solche Geräte bei Kunstlicht, also beispielsweise im Bastelkeller, nicht einsetzen kann.

Hier bewähren sich auf Infrarotbasis arbeitende Drehzahlmesser. Sie erhellen mit einer gleichförmig strahlenden Infrarot-Leuchtdiode das Messobjekt. Der eingebaute Lichtsensor reagiert auch nur auf diese Wellenlänge, so dass Fremdlichteinflüsse ausgeschaltet sind.

Probleme können erfahrungsgemäß bei Drehzahlmessungen an Impellern auftreten. Dies hat gleich mehrere gute Gründe: Zum einen „hausen" diese, so bereits eingebaut, in tiefen lichtlosen Höhlen, Lufteinläufe genannt. Hier kann zuweilen die erhellende Ausstrahlung einer kleinen Taschenlampe aus der Patsche helfen, mit der ein im Nachhinein schlecht frisiert aussehender Helfer **von der Düse** her

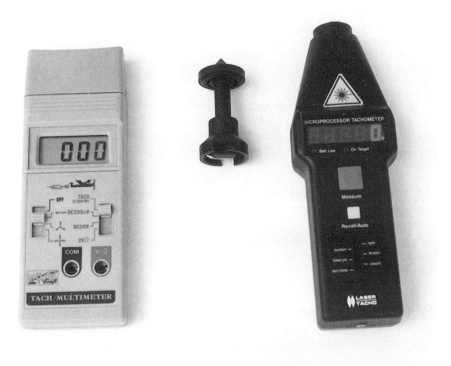

Abb. 11.3-1
Links: typischer Modellbau-Drehzahlmesser mit berührungslosem Lichtsensor. Messungen bei Kunstlicht sind damit nicht möglich. Rechts: Laser-Tacho von Conrad (Nr. 12 32 69-66), der Drehzahlermittlung auch über größere Distanz und bei Kunstlicht zulässt

Licht spendet, freilich ohne den austretenden Luftstrom nennenswert behindern zu dürfen.Oftmals übersteigt das hohe Drehzahlniveau der Impeller (bis 30 000 min⁻¹), verbunden mit der stattlichen Blattzahl (3 bis 9) den Messbereich vieler im Modellbau angebotener Drehzahlmesser. Hier müssen Opfer gebracht und etwas Denkarbeit geleistet werden: Abhilfe schafft nämlich das Anbringen von (nur) **einer** Reflexmarke, am besten im Bereich des Rotormittelteils (Spinner). So verdoppelt sich quasi der Messbereich eines auf Zweiblattpropeller ausgelegten Messinstruments. Der angezeigte Wert braucht dann nur im Kopf verdoppelt zu werden. Bei dieser Methode kann die Hilfslichtquelle dann von vorne angesetzt werden.

Die modernste und zugleich vornehmste Art der Drehzahlmessung nutzt die Präzision eines Laserstrahls, welcher auf das rotierende Objekt gerichtet und von dort über eine zuvor aufgebrachte Reflexmarke reflektiert wird. Meßinstrumente dieser Art sind natürlich teurer, liefern aber weitaus genauere Ergebnisse. Ihr Funktionsprinzip fußt auf einem quarzgenauen Digitalzähler, der einfach die Zeit zwischen zwei Reflexen erfasst, die ja ein Maß für die Drehzahl darstellt. Sie ermöglichen es zudem, auch aus größerem Abstand (bis 2 Meter) und ohne weitere Hilfsmittel zu messen. Damit wird es beispielsweise auch möglich, die Leerlaufdrehzahl von Elektromotoren direkt an der Welle zu messen, indem man dort zuvor einseitig eine Markierung aufgebracht hat.

11.4 Höhere Einsichten – Messen während des Flugs

Standmessungen, wie sie am Boden oder in der Hobbywerkstatt durchgeführt werden, haftet nicht immer ganz zu Unrecht das Odium einer gewissen Praxisferne an. Nur unzureichend lassen sich „auf dem Trockenen" die tatsächlichen Verhältnisse während des Flugs simulieren.

Die Mikrocomputertechnik macht es jedoch möglich, Messproben auch ferngesteuert während des Flugs zu entnehmen. Geräte, wie das im Bild gezeigte, speziell für den Elektroflug konstruierte Digimeter mc-memory, können Spannung, Strom und Flughöhe messen. Über angeschlossene Messfühler lassen sich zusätzlich Drehzahl und Temperatur (des Motors, Stellers oder Akkus) ermitteln. Manche Geräte können sogar bei Einsatz entsprechender Messsonden zur Geschwindigkeitsmessung genutzt werden.

Abb. 11.4-1
Dieter Meiers sommerlicher „Werkstattflug" mit dem Technologieträger E-Ecureuil. Die Rotordrehzahl kann natürlich nur bei einem Heli unmittelbar während des Flugs abgelesen werden. Andere Kennwerte (Spannung, Strom, Motortemperatur) werden gespeichert

Natürlich steht bei derartigen für den (ernsthaften!?) Hobbyeinsatz konzipierten Geräten neben einer hinreichend großen Messgenauigkeit auch kompakte, gewichtsoptimierte Bauausführung und ein gewisses Maß an Preisgünstigkeit mit auf der Wunschliste. Voraussetzung für die Gewinnung verlässlicher Daten ist daher bei solchen Geräten die genaue Einhaltung der Einbaubedingungen. So darf das mc-memory nicht in der Nähe starker Wärmeerzeuger, wie Motor oder Akku sie darstellen, montiert werden, da sonst die einsetzende Temperaturdrift die Genauigkeit beispielsweise der Höhenmessung beeinträchtigt.

12. Elektroflug von A bis Z – was war doch gleich …?

Stichwort	Kurzbeschreibung	Abschnitt Nr.
Akku	Gängige Kurzbezeichnung für Akkumulator (Sammler)	3., **4.**
Amperemeter	Messgerät zur Messung von Strom	11.
Anlaufstrom I_A	Strom, den ein Elektromotor im Moment des Einschaltens aufnimmt. Mit Blockierstrom gleichzusetzender Maximalwert des Motorstroms	7.3.6
Außenläufer	Elektromotor, bei dem sich das bewegliche Magnetsystem, der Rotor, um den zentral angeordneten Stator dreht. Auch als Umläufer bezeichnet	7.2.6, 7.2.7
Batterie	Zusammenschaltung von mehreren Zellen desselben Typs, um eine höhere Spannung zu gewinnen	4.
BEC	(**B**attery **E**liminating **C**ircuit) Elektronische Schaltung, um eine stabilisierte Spannung (5 V) für den Empfängerstromkreis aus dem Antriebsakku zu gewinnen und damit den Empfängerakku einzusparen	6.4
Blockierdrehmoment	Maximaldrehmoment eines Elektromotors bei Nennspannung	7.3.6
Blockierstrom	Siehe Anlaufstrom	*
Bremstransistor	In den Drehzahlsteller integrierter Schalttransistor, der erst nach dem Abschalten der Motorspannung aktiv (leitend) wird. Er bildet für den Generatorstrom einen Kurzschluss und veranlasst so das Abbremsen der Luftschraube. Siehe auch EMK-Bremse	6.3
Brennstoffzelle	Anordnung, um aus der kalten Verbrennung von Wasserstoff und Sauerstoff Strom zu gewinnen	4.12
Bürstenloser Motor	Gleichstrommotor mit elektronischer Kommutierung	7.
Constant-Speed-Flugstil	Bemühen, alle Passagen eines Kunstflugprogramms mit annähernd gleicher Fluggeschwindigkeit zu absolvieren	2.5

Stichwort	Kurzbeschreibung	Abschnitt Nr.
Controller	Steuergerät für bürstenlosen Elektromotor. Steuert zeitgerechte Kommutierung und übernimmt gleichzeitig auch die Funktion des Drehzahlstellers. Unterscheidung, ob Kommutierung mit Hilfe von Sensorsignal oder sensorlos erfolgt	6., 7.
Drehmoment (M)	Physikalisch als Kraft mal Hebelarm definiert. Maßeinheit Newtonmeter (Nm) oder Newtonzentimeter (Ncm). Kennzeichnet den Kraftbedarf eines Propellers bzw. die Durchzugskraft eines Motors. Stromaufnahme beim E-Motor ist M proportional	
Drehzahlregelung	Siehe Drehzahlregler	2.8
Drehzahlregler	Sorgt für konstante Drehzahl beim E-Motor. Sollwert wird durch Steuerknüppel vorgegeben. Einsatz vorwiegend bei Modellhubschrauber	6.
Drehzahlsteller	Zur Drehzahlsteuerung von Motoren. Steuert Motorspannung entsprechend der Knüppelstellung. Enthält manchmal BEC zur Empfängerspannungsversorgung oder aber Optokoppler zwecks galvanischer Trennung von Motor- und Empfängerstromkreis	6.
Elektroimpeller	Siehe Impeller	9.2
Elektromagnet	Spule aus lackisoliertem Kupferdraht. Erzeugt bei Stromdurchfluss ein der jeweiligen Stromstärke proportionales Magnetfeld. Polarität hängt von Stromrichtung ab	7.1
Elektrosegler	Segelflugmodell mit eingebautem E-Motor, der vorwiegend dazu dient, das Modell auf eine für Thermikflüge ausreichende Ausgangshöhe zu bringen	2.1
EMK-Bremse	Ein zeitweiliges Kurzschließen des Antriebsmotors, was bewirkt, dass sich die Blätter der üblicherweise verwendeten Klappluftschraube an die Rumpfnase anlegen und somit keinen schädlichen Luftwiderstand mehr erzeugen	2.1
endotherm	Wärme verzehrend; Begriff steht für chem. Vorgang, bei dessen Ablauf Wärme verbraucht wird, also von außen zugeführt werden muss (z.B. Laden von Akkus)	4.9
Ersatzschaltbild	Zweckmäßig vereinfachte schematische Darstellung zur veranschaulichenden Betrachtung physikalischer Zusammenhänge	7.1.2a

Stichwort	Kurzbeschreibung	Abschnitt Nr.
Formieren	Mehrfaches Laden und Entladen von Akkus zwecks Aktivierung	**4.8**, 4.10.1
Frequenz	Physikalische Größe. Gibt Anzahl der Schwingungen (z.B. auch Impulsperioden) pro Sekunde an. Gemessen in Hertz (Hz)	6.1, 6.2
Galvanische Verbindung	Elektrisch leitende Verbindung	6.4
Getriebe mit Innenverzahnung	Zahnradgetriebe mit innenverzahntem Großrad. Vorteile: Geringerer Achsversatz als herkömmliche Stirnradgetriebe, keine Drehrichtungsumkehr	8., **8.2**
Gleichstrom-maschine	Sammelbegriff für Gleichstromelektromotor oder Gleichstromgenerator	3.4, **7.**
Glockenankermotor	Elektromotor, bei dem ein glockenför-miger, eisenloser Anker um einen zylindri-schen Permanentmagneten rotiert. Motor-typ erreicht bei allerdings rel. geringer Leistung Wirkungsgrade bis zu > 90%. Anwendungsbereich: Solarflug, Dauerflug	2.1.3, **7.2**
Goldstecker	Verbindungsstecker mit Goldauflage zur Vermeidung von Korrosion	3.2, **5.2**
Gyro	Ursprünglich auf Kreiselbasis (heute mit Piezoelement) arbeitender Flugstabilisator, der den Einfluss turbulenter Störungen (teilweise) ausgleicht. Ursprünglich zur Heckrotorstabilisierung beim Hubschrau-ber, zunehmend auch bei Flächenmodellen eingesetzt	2.7
Heckrotorkreisel	Siehe Gyro	*
Impeller	Motorbetriebener Axialverdichter zum Antrieb von Jetmodellen anstelle eines Propellers	2.7, **9.2**
Indoorflyer	Modell, das aufgrund spezifisch niedriger Fluggeschwindigkeit auch in geschlosse-nen Räumen (z.B. Turnhalle) fliegen kann	2.9
Induktivität	Kenngröße bei Magnetspulen. Bestimmt den Blindwiderstand (Wechselstromwider-stand) bzw. die Energiespeicherfähigkeit einer Spule. Gemessen in Henry (H)	6., 7.
Innenwiderstand (R_i)	Verlustwiderstand im Inneren eines Energiewandlers, der einen Teil der Ener-gie in unerwünschte Wärme umsetzt. R_i bewirkt z.B. bei einer Stromquelle ein Absinken der nutzbaren Spannung unter Last. Sollte immer möglichst niedrig sein	3.1, 4.1, **4.5**, 4.9, 4.11, 7, **7.1.2**

Stichwort	Kurzbeschreibung	Abschnitt Nr.
Intermittierende Belastung	Belastung mit zeitlichen Unterbrechungen (im Gegensatz zur Dauerbelastung)	2.1
Intermittierender Betrieb	Betrieb mit zeitlichen Unterbrechungen (im Gegensatz zum Dauerbetrieb)	4.6
Klappluftschraube	Luftschraube, deren Blätter sich im antriebslosen Flug an den Rumpf anlegen	2.1, 9.1, **9.1.4**
Kollektor	Zusammenführung aller Spulenanschlüsse des Rotors beim E-Motor. Er ist beim Gleichstrommotor lamellenförmig aufgebaut, so dass er gleichzeitig der Kommutierung dient	7.
Kollektorlamellen	Siehe Kollektor	*
Kommutator	Siehe Kollektor	*
Kommutierung	Zeit- bzw. drehwinkelgerechtes Umschalten der Wicklungen beim E-Motor. Kann mechanisch über Lamellen und Schleifkohlen (siehe auch Kollektor) oder elektronisch mit durch eine Kommutierungslogik gesteuerten Leistungshalbleitern erfolgen	6.2, 6.7, 7
Leerlaufspannung	Spannung einer unbelasteten Spannungsquelle	3.1, **4.4**
Leerlaufstrom	Strom zur Aufrechterhaltung des Leerlaufs beim E-Motor. Deckt hauptsächlich Reibungsverluste (Lager, Kommutator, Luftreibung), bei höherer Drehzahl aber zunehmend auch Eisenverluste (bei Eisenanker) auf. Ist in jedem Fall als Verlustanteil zu verbuchen	7.3.5
Leistungselektronik	Elektronische Schaltung zur Verarbeitung hoher elektrischer Leistung (hier vor allem hoher Ströme)	*
Linearspannungsregler	Integrierte Schaltung zur Erzeugung einer lastunabhängig konstanten Ausgangsspannung. Laststrom und Eingangsspannung dürfen sich dabei innerhalb eines bestimmten Limits bewegen	6.4
Lithium-Akku	Akku neuer Technologie. Basiert auf Verwendung des sehr leichten und chemisch reaktionsfreudigen Metalls Lithium. Zeichnet sich durch geringes Gewicht plus hohe Zellenspannung (3 bis 3,6 V) aus. Höchste Energiedichte. Noch rel. hoher Innenwiderstand	4.
Lithium-Technologie	Siehe Lithium-Akku	*

Stichwort	Kurzbeschreibung	Abschnitt Nr.
Lufteinlauf (bei Impeller)	Strömungsgünstig ausgelegter Kanal, der dem Impeller die nötigen Luftmengen zuführen soll. Bei fehlerhafter Auslegung Turbulenzen und Druckverluste, die vom Impeller dann zusätzlich ausgeglichen werden müssen. Querschnittsfläche ähnlich Impeller	9.2.1
Memory-Effekt	Tritt ausgeprägt nur bei NiCd-Akkus auf. Äußert sich durch anwachsenden Innenwiderstand und damit abfallende Entladespannung (Akku scheinbar leer). Häufiges nur teilweises Entladen bzw. langdauerndes Aufladen mit kleinen Strömen fördert M.-E.	4.
Motorkonstante k_M	Konstruktiv bedingte Kenngröße eines Elektromotors. Gibt Auskunft über Drehmoment- bzw. Drehzahlverhalten eines E-Motors	7.
Multimeter	Messgerät zur Messung von verschiedenen elektrischen Größen	11.
Newtonmeter (Nm)	Mechanische Energieeinheit, elektrisches Äquivalent ist Wattsekunde 1 Nm = 1 Ws = V × A × s (siehe auch Drehmoment M)	
Nickel/Wasserstoff-Technologie	Siehe Nickel-Metallhydrid-Akku	*
Nickel-Metallhydrid (NiMH)-Akku	Mit NiCd-Technologie verwandte neuere Akkuentwicklung. Verwendet anstelle des Umweltgifts Cadmium Wasserstoff als negative Elektrode. Wasserstoffgas ist an Metall gebunden. Ca. 50% höhere Energiedichte als NiCd, aber zuweilen auch noch höherer Innenwiderstand	4.
Ohmsches Gesetz	Grundgesetz der Elektrotechnik U = R × I bzw. I = U : R bzw. R = U : I	*
Optokoppler	Arbeitet optoelektronisch und dient der rückwirkungsfreien Signalübertragung. Einsatz in Drehzahlregler bzw. -steller, um den Empfängerstromkreis vom Motorstromkreis elektrisch zu trennen (Störungsunterdrückung). Siehe auch Drehzahlsteller	6.5
Parkflyer	Siehe Indoorflyer	2.9

Stichwort	Kurzbeschreibung	Abschnitt Nr.
Planetengetriebe (Umlaufgetriebe)	Auch als Umlaufgetriebe bezeichnet. Zahnradgetriebe mit konzentrischem Aufbau. Ermöglicht Übersetzungen ab 1:3 aufwärts. Vorteile: Kein Achsversatz, keine Drehrichtungsumkehr, Lastverteilung auf mehrere Zahnräder	8., 8.3
Pulsladen	Laden mit impulsförmigem Strom	4.8
Reflexladung	Schnellladen mit Unterbrechung durch kurze, starke Entladeimpulse etwa im Sekundenrhythmus	**4.8**, 4.10
Rotor	a) Bewegliches Magnetsystem beim E-Motor b) Axial arbeitendes Verdichterrad beim Impeller	7.
Schlupf (Propeller-)	Entsteht, wenn Produkt aus Steigung H und Drehzahl n größer als Fluggeschwindigkeit v. Vorstellbar als eine Art von „Durchdrehen" eines Propellers mit dem Effekt, dass Luftmassen beschleunigt werden. $1{,}1\, v < H \times n < 1{,}3\, v$	9.1, 9.1.3
Schubrohr	Luftkanal, der Impeller mit Düse verbindet. Darf keine sprunghaften Querschnittsveränderungen aufweisen. Düsenfläche 75 bis 100% von Impellerfläche	9.2.1
SE-Magnete	Magnetmaterial, das unter Beimengung von sog. Seltenen Erden hergestellt wird. Bei höherwertigen E-Flugmotoren mit SE-Magneten kommen Cobalt-Samarium- und Neodymmagnete zum Einsatz	7.
Selbstentladung	Allmählicher Abbau der Ladung bei Akkumulator. Wird vor allem durch hohe Temperaturen begünstigt	4.8
Sensoren	Halbleiter, die die Position des Rotors im Magnetfeld erkennen und durch elektrisches Signal der Kommutierungslogik melden. Wenn Verzicht auf Sensoren (sensorlos), wird Induktionsspannung bzw. Motorstromverlauf zur Positionsbestimmung ausgewertet	7.1
Shunt(widerstand)	Niederohmiger Widerstand mit genau definiertem Ohmwert (z.B. 10 mOhm), der zur Strommessung in den Stromkreis eingeschleift wird. Nach $U = R \times I$ ist die daran abfallende Spannung ein Maß für den fließenden Strom	11.2

Stichwort	Kurzbeschreibung	Abschnitt Nr.
Sinterzellen	Spezielle Technologie bei NiCd-Zellen. Elektrochem. aktive Masse wird auf Nickelfolien aufgesintert. Damit wird sehr niedriger Innenwiderstand und max. Lebenserwartung erreicht, allerdings auf Kosten einer geringeren Kapazitätsausbeute	4.
Slowflyer	Siehe Indoorflyer	*
Solarsegler	Mit Solarzellen auf Tragfläche ausgerüstetes E-Flugmodell, das hieraus seine Antriebsenergie bezieht. Es kann ein zusätzlicher Pufferakku (Speicherbatterie) an Bord sein, um Schwankungen in der Bestrahlungsstärke auszugleichen	2.1.3
Solarzellen	Großflächige Silizium-Elemente, die auftreffende Lichtenergie in elektrische Energie umwandeln. Die Spannung einer Einzelzelle liegt bei 0,45 bis 0,5 V, der Wirkungsgrad je nach Ausführung bei 10 bis 18%	2.1.3
Spannung (U)	Elektrische Grundgröße, Maßeinheit Volt (V)	*
Spannungsabfall	Durch Widerstand verursachter Spannungsverlust an Kabeln, Steckverbindungen sowie an mechanischen wie auch elektronischen Schaltelementen	*
Speicherbatterie	Siehe Solarsegler	*
Spezifische Drehzahl	Wichtiger Kennwert beim Elektromotor. Drückt aus, wie viele Leerlaufumdrehungen der Motor je Volt macht	**7.3.3**
Stator	a) Feststehendes Magnetsystem bei Elektromotor.	a) 7.
	b) Feststehendes System der Leitschaufeln beim Impeller. Leitet den rotierenden Anteil der Abströmung in axiale Richtung um	b) 9.2
Stirnradgetriebe	Zahnradgetriebe, bei denen die Zahnräder außenseitig aufeinander abrollen. Antriebs- und Abtriebswelle haben Achsversatz und verschiedene Drehrichtung	8., **8.1**
Strom (I)	Elektrische Grundgröße, Maßeinheit Ampere (A)	

Stichwort	Kurzbeschreibung	Abschnitt Nr.
Timing	Verdrehung des Bürstenapparats entgegen der Laufrichtung des Motors zum Ausgleich der lastabhängigen Magnetfeldverschiebung. Motor wird damit allerdings laufrichtungsgebunden	6., 7.
Überladereserve	Begrenzt wirksame Sicherheitsvorkehrung bei Akkus, die ausschließen soll, dass bereits eine geringe (kurzzeitige) Überladung schädliche Folgen zeigt. Geht auf Kosten der nutzbaren Kapazität	4.1
Überladung	Ladung eines Akkus über den Vollzustand hinaus. Zugeführte Energie kann dann nicht mehr in chemischer Form gespeichert werden. Folge: ansteigender Innendruck, Temperaturanstieg mit u.U. gefährlichen Folgen	4.1, 4.8, 4.9
Umläufer	Siehe Außenläufer	*
Umpolung	Hier: Polverkehrtes Laden eines Akkus. Schädigt Ni-Akkus. Begrenzte Vorbeugung durch sog. Umpolreserven	4.1, 4.8
Vollstrom	Elektrotechnisches Analogon zu „Vollgas"	*
Voltmeter	Messgerät zur Messung von Spannung	11.
Vorwiderstand	Widerstand, der zur (zeitweiligen) Stromreduzierung zusätzlich in den Stromkreis eingebracht wird	6.1
Wirkungsgrad	Beschreibt die Effizienz eines Energiewandlers. Ergibt sich aus dem Verhältnis von abgegebener Nutzenergie (-leistung) zu zugeführter Energie (Leistung). Immer < 1. Auch in Prozent anzugeben (z.B. 0,8 entspr. 80%).	*
Zahnriemengetriebe	Getriebe, bei dem ein Gummi- oder Kunststoffriemen (z.T. mit Glas- oder Stahlfadeneinlage) die Kraftübertragung übernimmt. Bedingt großen Abstand zwischen Antriebs- und Abtriebsachse. Drehrichtung bleibt erhalten	8., **8.4**
Zellenverbinder	Metallstreifen, mit denen Einzelzellen zu einer Batterie verbunden werden	3.1, **4.7**

Bezugsquellen

Fa. Aeronaut	Stuttgarter Str. 18-22	72766 Reutlingen
Fa. Amelung	Dr. Pfeifferstr. 3/1	73035 Göppingen
Fa. Battmann	Hobacke 24	45899 Gelsenkirchen
Fa. Braun	Lagerhausstr.105	67061 Ludwigshafen
Fa. Conrad	Klaus-Conrad-Str. 1	92240 Hirschau
Fa. Conzelmann	Gotthilf-Bayh-Str.34	70736 Fellb.-Schmieden
Fa. Graupner	Henriettenstr. 94–96	73230 Kirchheim
Fa. Groß	Walkemühlenweg 29	37083 Göttingen
Fa. Hacker	Jägerstr. 3	85368 Moosburg
Fa. Höllein	Glender Weg 6	96486 Unterlauter
Fa. Hopf	Im Brühl 9	71404 Korb
Fa. Ikarus	Brambach 36	78713 Schramberg
Fa. Jamara	Am Lauerbühl 5	88317 Aichstetten
Fa. Köhler GbR	Roseggerweg 25	71032 Böblingen
Fa. Kontronik	Etzwiesenstr. 35	72108 Rottenburg
Fa. Kruse	Kleinsachsenheimerstr. 15	74321 Bietigheim-Bissingen
Fa. LMT	Noltinger Weg 40	85521 Ottobrunn
Fa. Multiplex	Neuer Weg 15	75223 Niefern
Fa. Orbit	Mittelstr. 76	52222 Stolberg
Fa. Plettenberg	Rostckerstr. 30	34225 Baunatal
Fa. Reisenauer	Hochfellnstr. 68	83346 Bergen
Fa. Robbe	Metzloserstr. 36	36352 Grebenhain
Fa. Schübeler	Marienlinde 12	33034 Brakel
Fa. Schulze	Prenzlauer Weg	64331 Weiterstadt
Fa. Schwerdtfeger	Ziegelstr. 63	88267 Vogt
Fa. Simprop	Ostheide 5	33428 Harsewinkel
Fa. Vöster	Münchinger Str. 3	71254 Ditzingen
Fa. WES-Technik	Klosterstr. 12	72644 Oberboihingen
Fa. Zoder (LMZ)	Hauptstr. 81	49835 Lohne

Literaturverzeichnis

Bruß, Helmut
Solar Modellflug
Verlag für Technik und Handwerk
Baden-Baden

Götz, Rüdiger
Holzbauweisen im Flugmodellbau
Neckar-Verlag
Villingen-Schwenningen

Geck, Wilhelm
Antrieb nach Maß
Neckar-Verlag
Villingen-Schwenningen

Dolch, Stefan
Rippenflügel aus Verbundwerkstoffen
Verlag für Technik und Handwerk
Baden-Baden

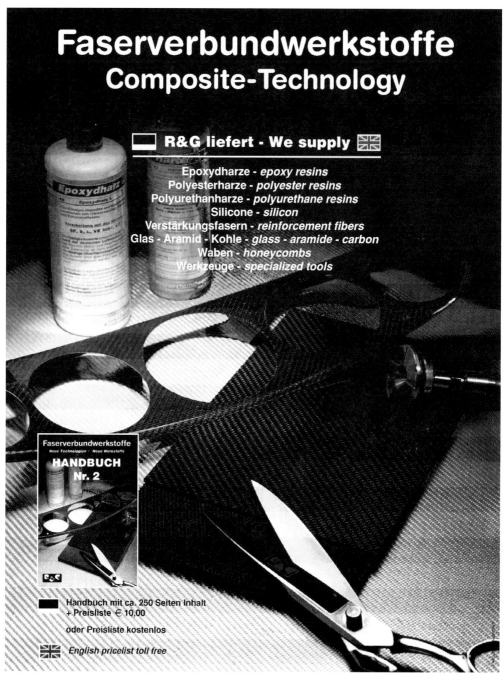

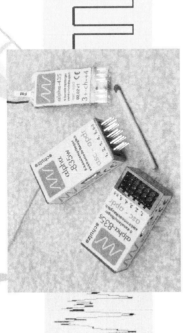